Mathefreunde 1

Erarbeitet von
Jana Elsner
Ursula Kluge
Nancy Kunkis
Grit Kurtzmann
Jana Richter
Birgit Schlabitz
Carmen Sobek

Cornelsen

INHALT

Zahlen und Formen in unserer Umwelt

Bildinhalt erschließen, Zahlen erkennen und nennen, Lage von Dingen beschreiben, Formen erkennen und benennen

1+3
456789 10
7
Frau Holle
Schultheater
Donnerstag 17.30 Uhr
30

Orientierung

1

2 Mach mit.

3

1: Links/rechts am eigenen Körper erkennen, Hände farbig umfahren (rechte Hand rot, linke Hand lila)
2: Bewegungen zum eigenen Körperschema: unten/oben klatschen, rechts/links schnipsen
3: Perspektivwechsel einbeziehen (fremdes Körperschema)

AH S. 2
ÜH S. 2

1

2

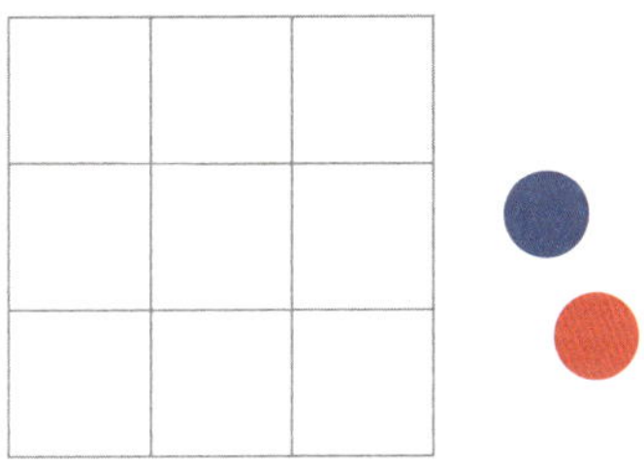

3

1 und 3: Lage der Dinge benennen: oben, unten, neben, unter, über, rechts (von), links (von), neben, zwischen, Mitte
2: Plättchen (Beilage) nach Beschreibung legen

AH S. 2
ÜH S. 2

Zählen

Gegenstände im Bild zählen: Anzahlen von 1 bis 10 mit Plättchen im Zehnerfeld (Beilage), mit Legematerial und als Strichlisten darstellen, analog oder digital

MK

AH S. 3
ÜH S. 3

6
7
8
9
10
September
3.
Montag
Amir
Max
5
Leo
3
Anna
4
3
4

Die Zahlen 1 und 2

1

2

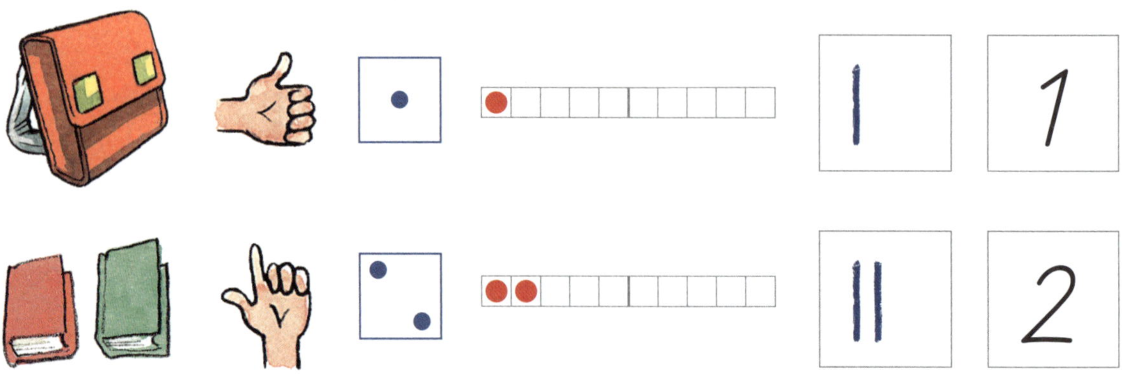

1: Zum Bild erzählen: Lage der Dinge beschreiben, Oberbegriffe finden, Anzahlen ermitteln und mit Plättchen (Beilage) legen; Zahlen 1 und 2 (Ziffern 1 und 2) erarbeiten und schreiben 2: Zahlen 1 und 2 verschieden darstellen, auch Gegenstände aus dem Klassenzimmer nutzen; KV 1 und 2 (HRU) nutzen

AH S. 4
ÜH S. 4

1

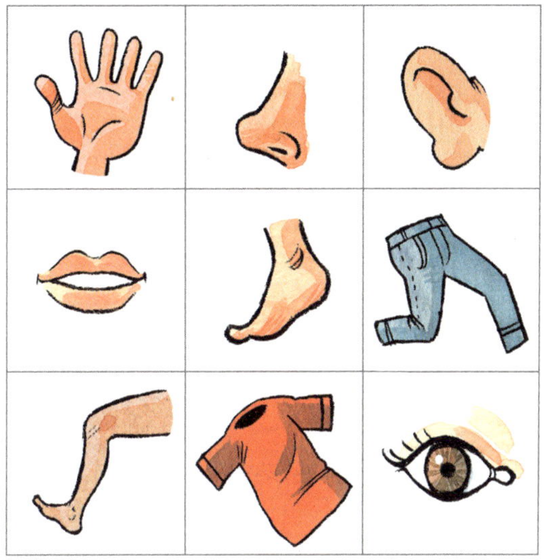

2

3

4

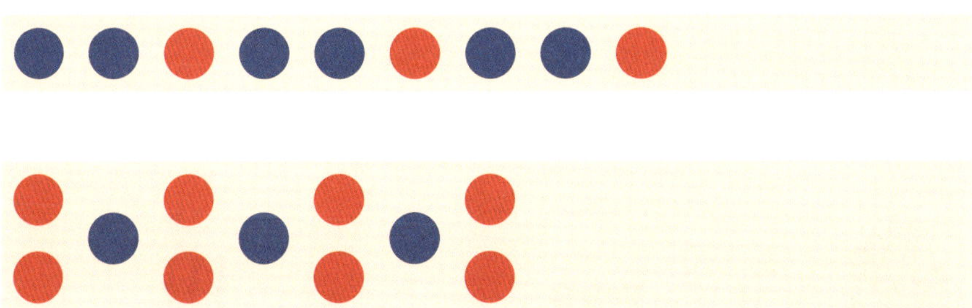

1: Anzahlen der Körperteile bestimmen, Bildausschnitte mit der entsprechenden Anzahl Plättchen (Beilage) belegen und Anzahl nennen
2 und 3: Anzahlen mit Plättchen legen 4: Muster nachlegen und weiterlegen

AH S. 4
ÜH S. 4

Die Zahl 3

1

2

3

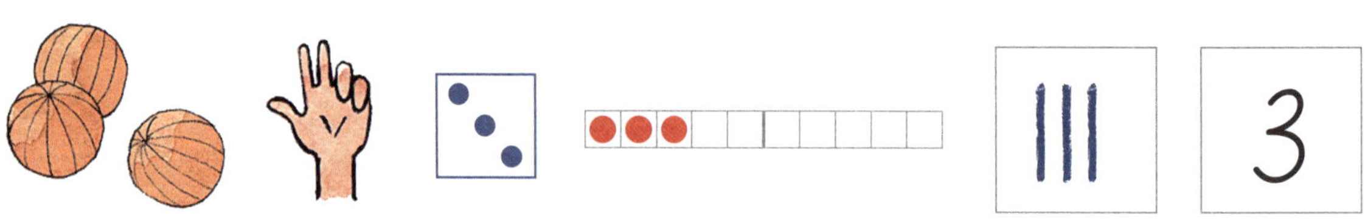

1: Zum Bild erzählen, Zahl 3 (Ziffer 3) erarbeiten; Anzahlen im Bild feststellen und mit Plättchen (Beilage) legen 2: Anzahlen der Fingerbilder mit Plättchen legen
3: Zahl 3 verschieden darstellen; KV 3 (HRU) nutzen

AH S. 5
ÜH S. 5

Die Zahl 4

1

2

3

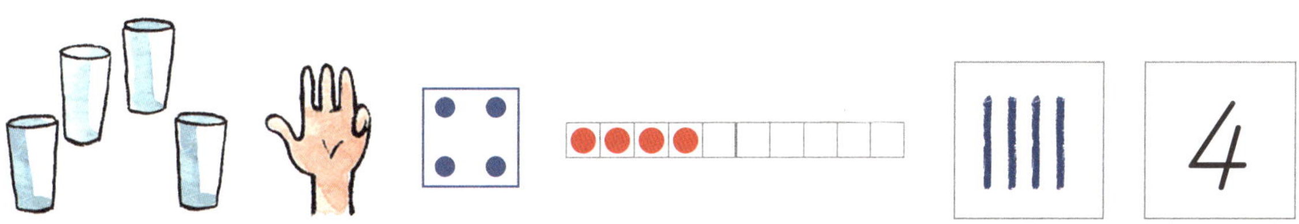

1: Zum Bild erzählen, Zahl 4 (Ziffer 4) erarbeiten, Anzahlen im Bild bestimmen und mit Plättchen (Beilage) legen 2: Muster nach- und weiterlegen
3: Zahl 4 verschieden darstellen; KV 4 (HRU) nutzen

AH S. 5
ÜH S. 5

Die Zahl 5

1

2

3

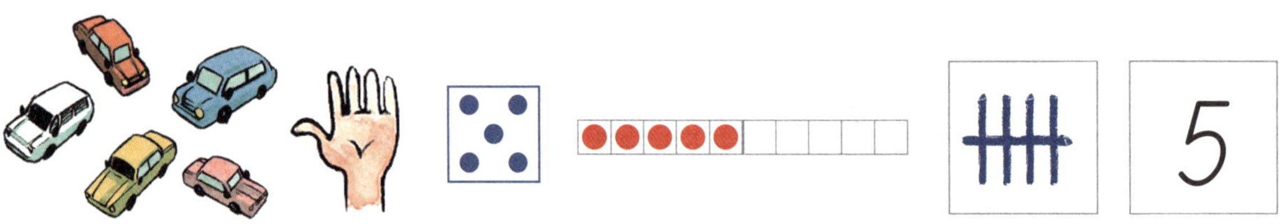

1: Zum Bild erzählen, Erarbeitung der Zahl 5 (Ziffer 5), Anzahlen im Bild bestimmen und mit Plättchen legen oder Zahlen schreiben 3: Zahl 5 verschieden darstellen, Besonderheit des fünften Strichs in der Strichliste thematisieren; KV 5 (HRU) nutzen

AH S. 6
ÜH S. 6

Die Zahl 6

1

2

3

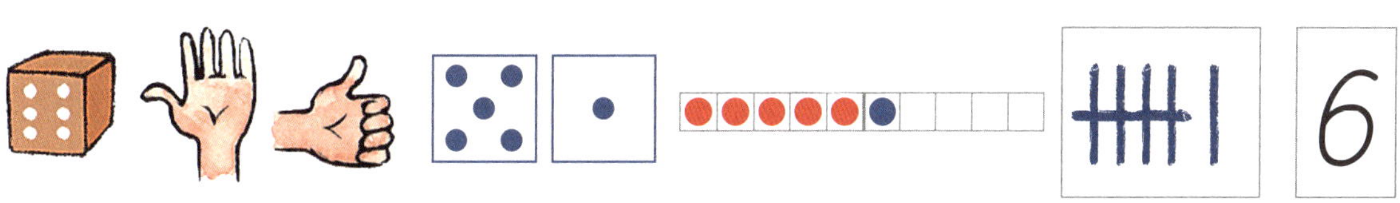

1: Zum Bild erzählen, Zahl 6 (Ziffer 6) erarbeiten, Anzahlen der Formen in den Figuren bestimmen, eigene Bilder mit ebenen Figuren (Beilage) oder anderen Medien (z. B. Zeitschriften) gestalten und ausstellen 3: Zahl 6 verschieden darstellen, dabei die Struktur der 5 nutzen; KV 6 (HRU) nutzen

MK

Vergleichen der Zahlen von 1 bis 6

1

6 > 3   2 < ☐

6 ist größer als 3   2 ist kleiner als ☐

2

3

4

Mengen durch Nachbauen und Legen vergleichen; Sprechweise „mehr als“ und „weniger als“ beim Vergleichen von Mengen erläutern; Sprechweise „größer als“ und „kleiner als“ beim Vergleichen von Zahlen benutzen; Hinweis geben: Spitze des Relationszeichens zeigt zur kleineren Zahl

AH S. 7
ÜH S. 7

1

5 = 5 ______ = ______

5 ist gleich 5 ______ ist gleich ______

2

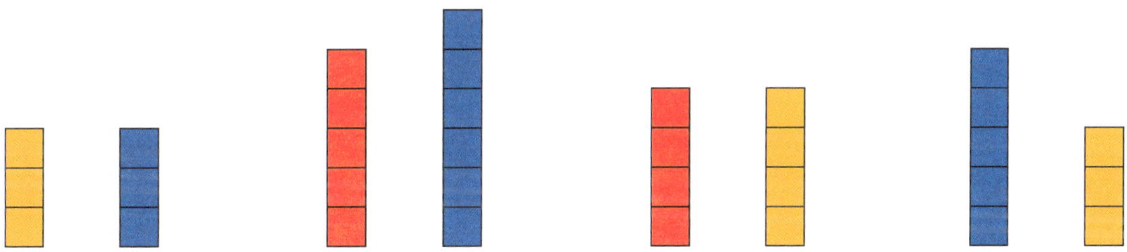

3

4

3 ○ 6	5 ○ 2	3 ○ 3
6 ○ 5	1 ○ 1	4 ○ 5
4 ○ 4	2 ○ 3	2 ○ 4
2 ○ 1	6 ○ 4	5 ○ 5

1: Situation nachspielen; die Sprechweise „ist gleich" beim Gleichheitszeichen zwischen Zahlen verwenden; die Sprechweise „ist gleich viel" beim Vergleichen von Mengen verwenden
2 bis 4: Vergleichen der Zahlen durch Legen von Plättchen (Beilage) oder Würfeln unterstützen

AH S. 7
ÜH S. 7

Zerlegen der Zahlen von 1 bis 6

1

4
2

5

6

2

3

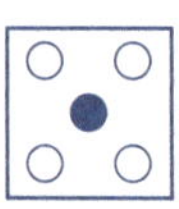

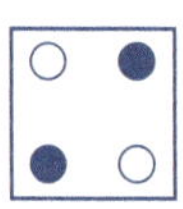

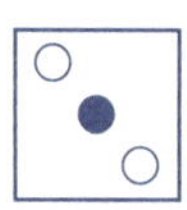

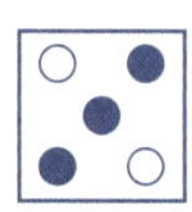

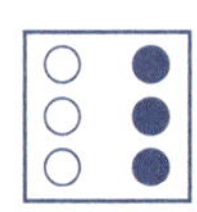

5
4

1: Beim Beschreiben der Bilder die Zerlegung der Mengen durch unterschiedliche Lage, Farben und Formen erkennen 2 und 3: Zerlegung der Mengen erkennen und durch Legen von Legematerial oder Plättchen (Beilage) nachvollziehen

AH S. 8
ÜH S. 8

1

2

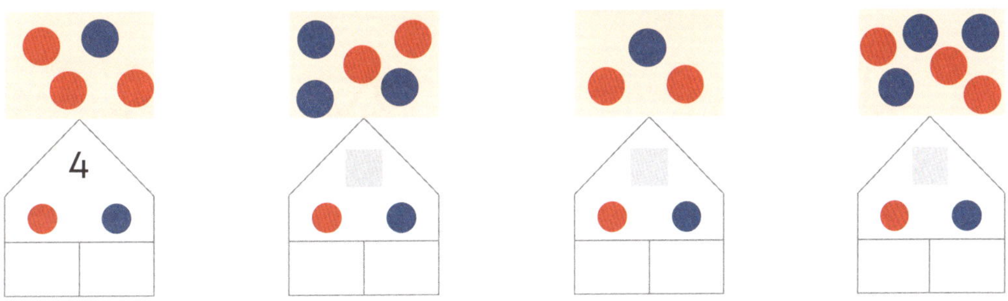

3

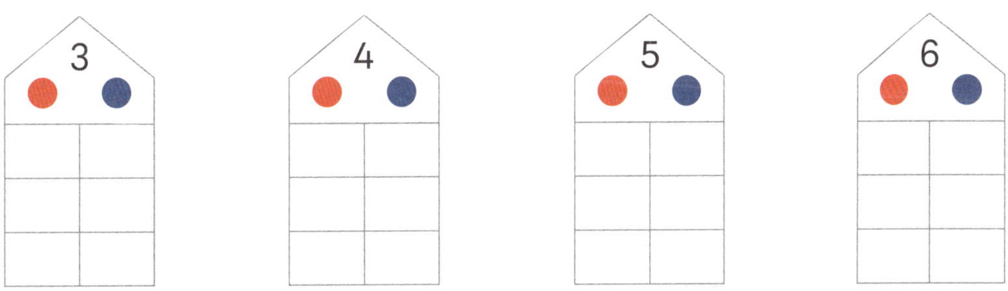

4

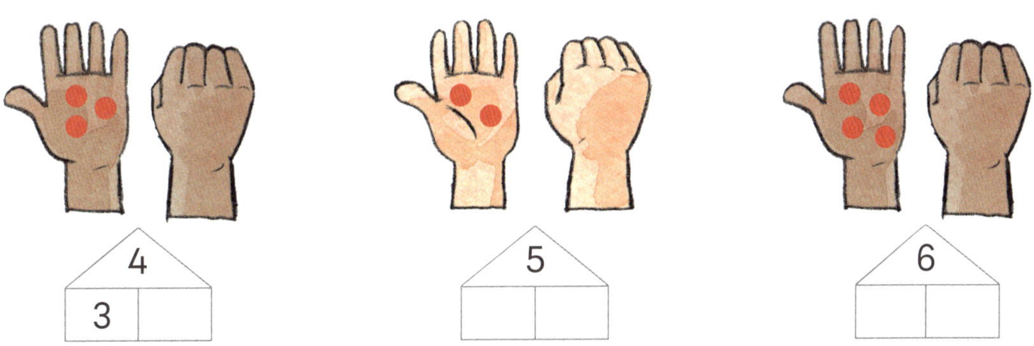

2: Zerlegung der Mengen erkennen oder durch Legen von Plättchen (Beilage) nachvollziehen
3: Durch Legen von Plättchen mögliche Zahlzerlegungen finden

Addieren bis 6

1

3 + 2 = ☐

3 plus 2 ist gleich ☐

2

☐ + ☐ = ☐

3

☐ + ☐ = ☐ ☐ + ☐ = ☐

4

2 + 2 = ☐ ☐ + ☐ = ☐ ☐ + ☐ = ☐

1 bis 3: Bilder beschreiben und Addition durch Nachstellen der Situation erarbeiten
4: Mit Plättchen (Beilage) arbeiten

AH S. 9

1

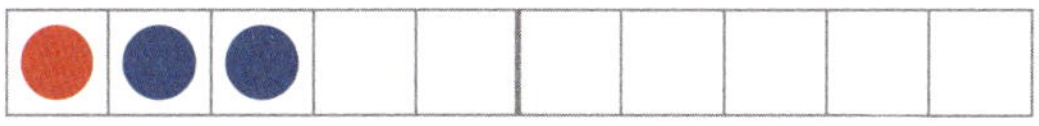

1 + 2 = ☐

1	+	2	=	3	

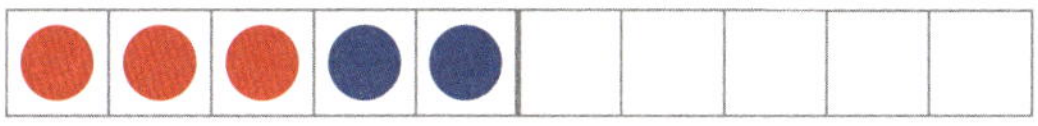

☐ + ☐ = ☐

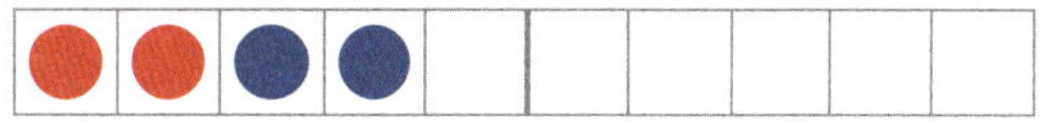

☐ + ☐ = ☐

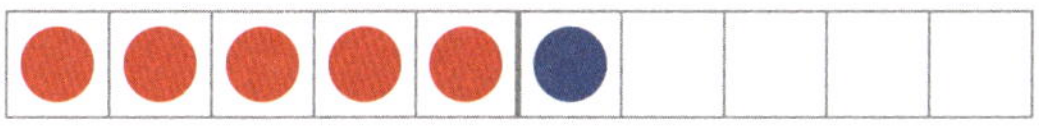

☐ + ☐ = ☐

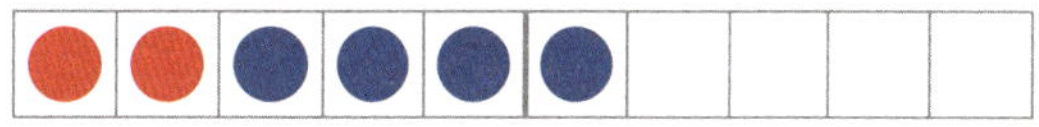

☐ + ☐ = ☐

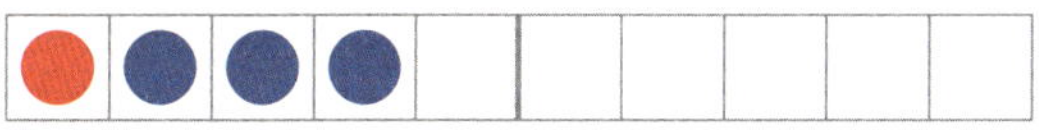

☐ + ☐ = ☐

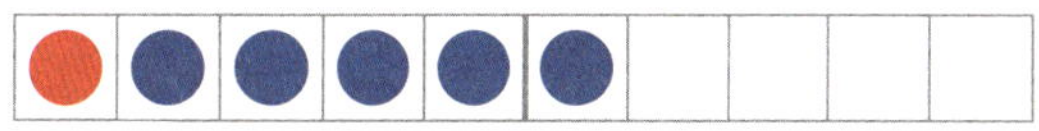

☐ + ☐ = ☐

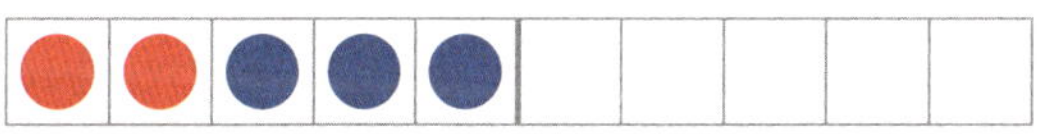

☐ + ☐ = ☐

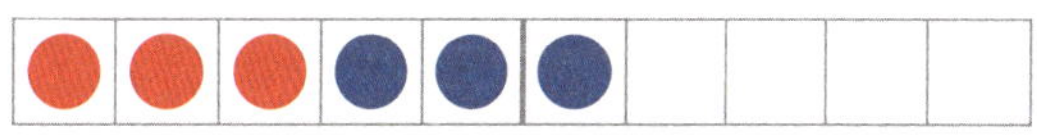

☐ + ☐ = ☐

2

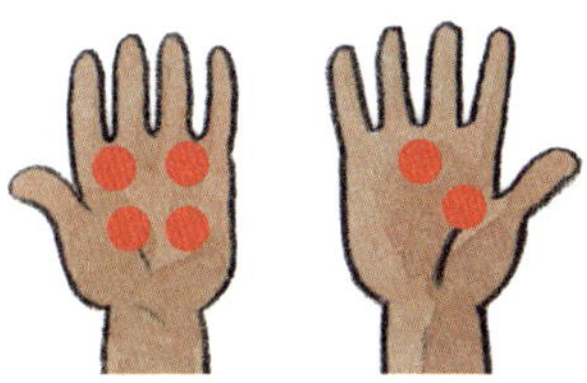

4 + 2 = ☐

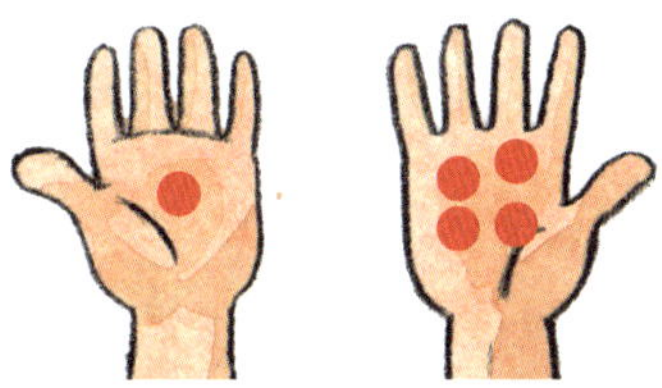

☐ + ☐ = ☐

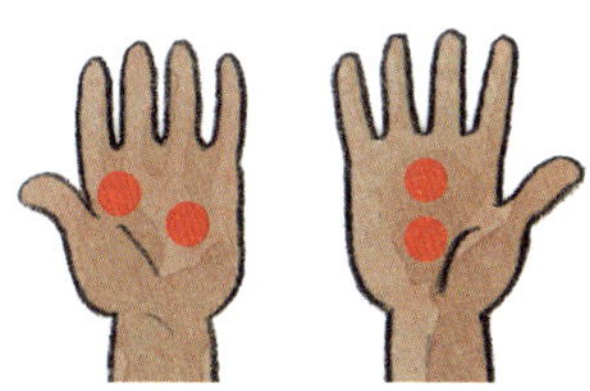

☐ + ☐ = ☐

3 Lege eigene Aufgaben.

4

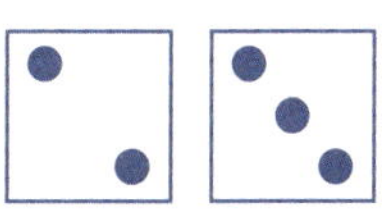

2 + 3 = ☐

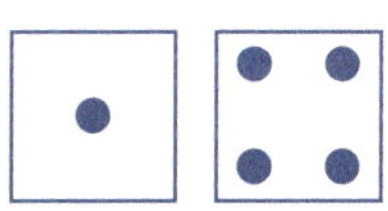

☐ + ☐ = ☐

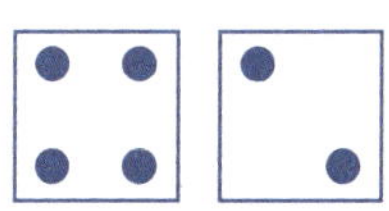

☐ + ☐ = ☐

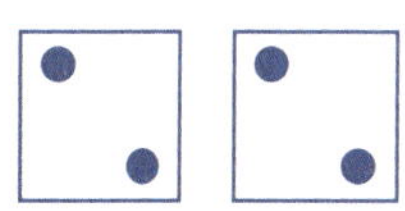

☐ + ☐ = ☐

1: Aufgaben mit Plättchen (Beilage) legen 2: Hände und Plättchen zur Darstellung von Aufgaben nutzen
3: Weitere Aufgaben auf eigenem Niveau finden (Regenbogenaufgabe)
4: Aufgaben bei Bedarf mit Würfeln oder Plättchen nachlegen

AH S. 9
ÜH S. 9

Addieren bis 6 – Übungen

1 Lege und rechne.

2 + 3 = ☐

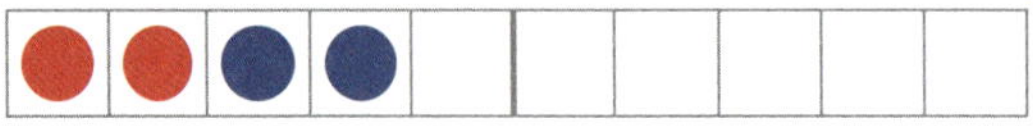

Amir

4 + 1 = ☐	2 + 2 = ☐	2 + 4 = ☐	4 + 2 = ☐
3 + 2 = ☐	1 + 5 = ☐	1 + 3 = ☐	3 + 3 = ☐

2 Lege und rechne.

1 + 2 = ☐	1 + 2 = ☐
1 + 3 = ☐	2 + 2 = ☐
1 + 4 = ☐	3 + 2 = ☐
1 + 5 = ☐	4 + 2 = ☐

3

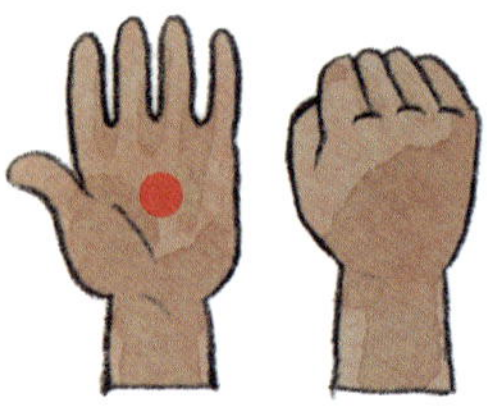

1 + ☐ = 2

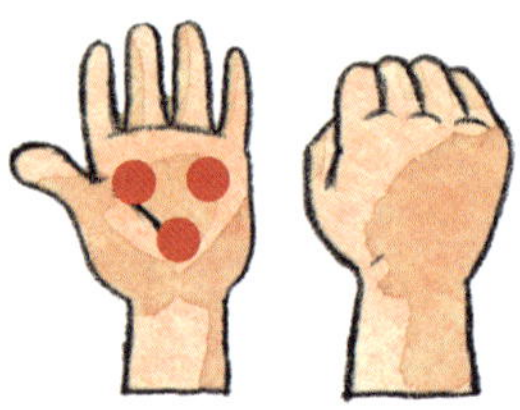

3 + ☐ = 6

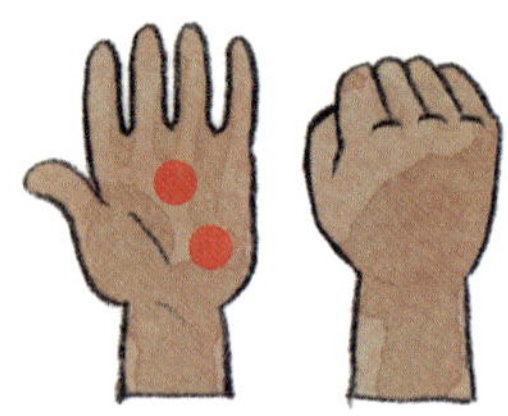

2 + ☐ = 6

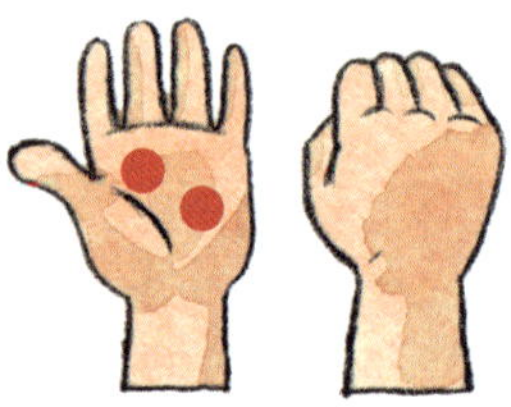

2 + ☐ = 4

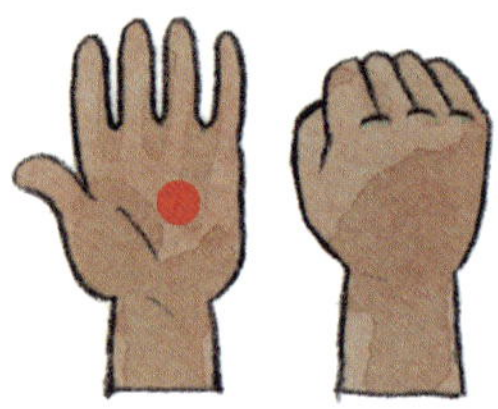

1 + ☐ = 6

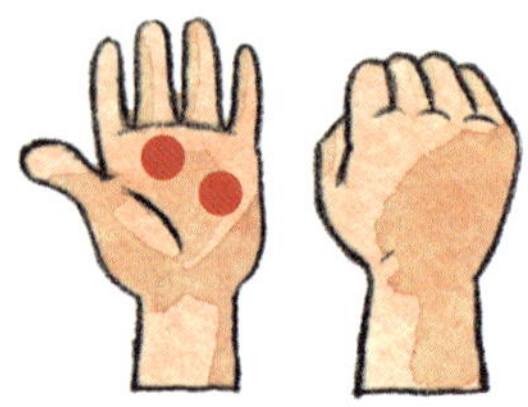

2 + ☐ = 5

4

2 + ☐ = 3	4 + ☐ = 6	1 + ☐ = 3	5 + ☐ = 6
3 + ☐ = 5	2 + ☐ = 5	1 + ☐ = 4	4 + ☐ = 6
3 + ☐ = 6	3 + ☐ = 4	1 + ☐ = 5	3 + ☐ = 6
2 + ☐ = 4	4 + ☐ = 5	1 + ☐ = 6	2 + ☐ = 6

Aufgaben im Zehnerfeld mit Plättchen (Beilage) legen
2: Dazulegen eines Plättchens als Lösungsmöglichkeit erkennen
3 und 4: Beim Ermitteln des 2. Summanden Plättchen als Hilfe nutzen

AH S. 10
ÜH S. 10

Tauschaufgaben

1

2 + 3 = ☐
3 + 2 = ☐

2

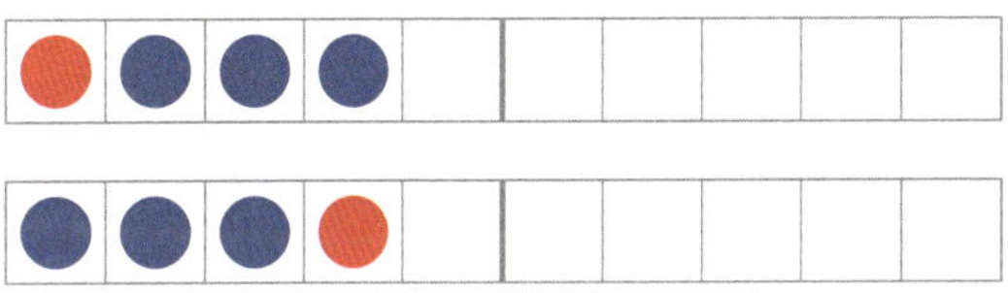

1 + 3 = ☐
3 + 1 = ☐

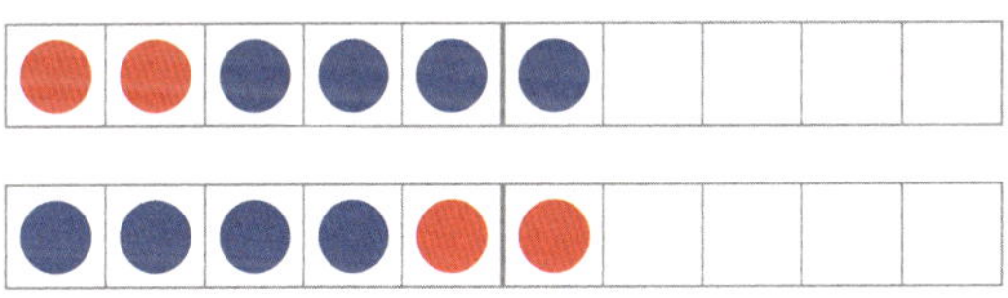

☐ + ☐ = ☐
☐ + ☐ = ☐

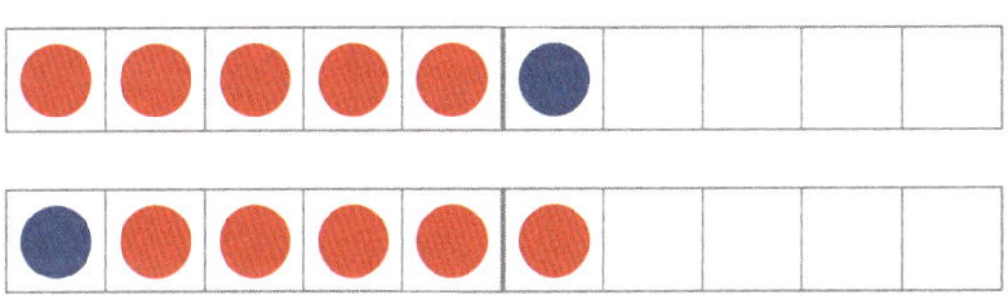

☐ + ☐ = ☐
☐ + ☐ = ☐

3 Lege und rechne.

1 + 2 = ☐	4 + 2 = ☐	5 + 1 = ☐
☐ + ☐ = ☐	☐ + ☐ = ☐	☐ + ☐ = ☐
2 + 3 = ☐	1 + 4 = ☐	1 + 3 = ☐
☐ + ☐ = ☐	☐ + ☐ = ☐	☐ + ☐ = ☐

1 + 2 = 3
2 + 1 = 3

1: Bild beschreiben; Gesetzmäßigkeit, dass Tauschaufgaben immer die gleiche Summe haben, handelnd erarbeiten
2 und 3: Tauschaufgaben finden und Summen vergleichen

Subtrahieren bis 6

1

5 – 2 =

5 minus 2 ist gleich

2

– =

3

– =   – =

4

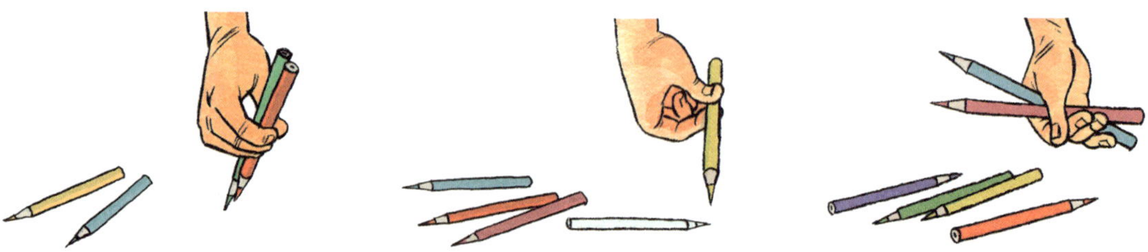

– =   – =   – =

Bilder beschreiben und Subtraktion durch Nachstellen der Situation erarbeiten

AH S. 11

1

6 – 2 =

3 – 1 =

2

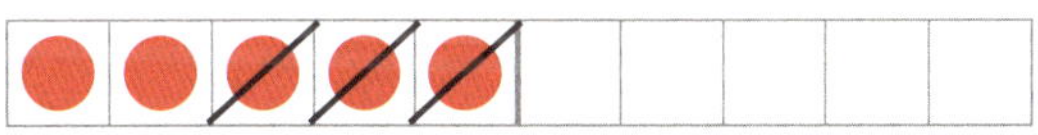

5 – 3 =

5	–	3	=	2	

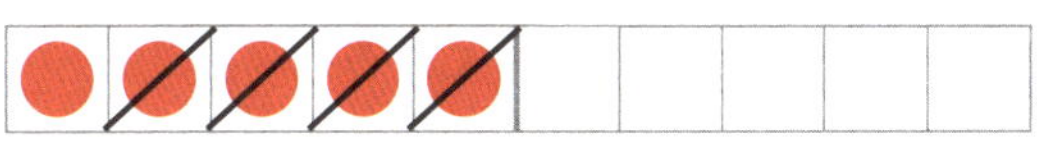

– =

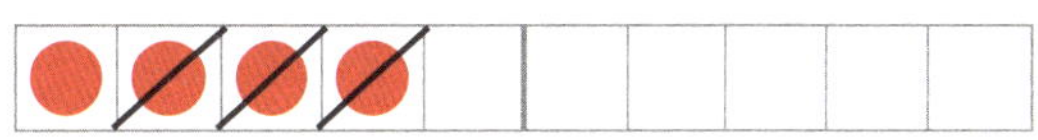

– =

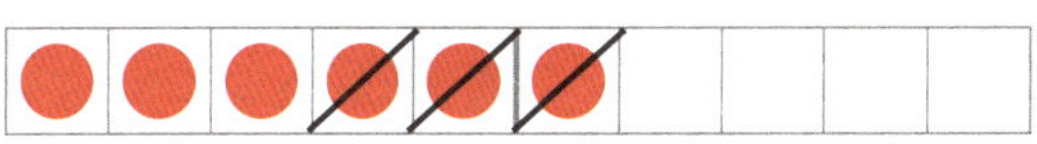

– =

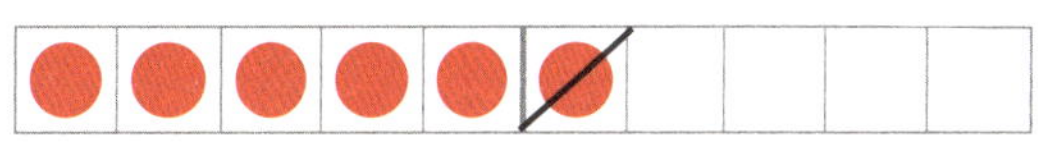

– =

3 Lege und rechne.

4 – 1 =	6 – 2 =	5 – 1 =	6 – 4 =
3 – 2 =	5 – 2 =	6 – 3 =	4 – 3 =
6 – 1 =	4 – 2 =	5 – 4 =	6 – 5 =

1 und 2: Durch Wegnehmen von Plättchen (Beilage) oder durch Streichen Subtraktionsaufgaben anschaulich lösen 3: Plättchen bei Bedarf als Hilfe nutzen

AH S. 11
ÜH S. 11

Subtrahieren bis 6 – Übungen

1

4 – 2 | 5 – 3 | 6 – 1 | 6 – 2 | 5 – 2 | 5 – 1 | 6 – 4

2 Richtig (r) oder falsch (f)?

5 – 2 = 3	4 – 3 = 1	5 – 1 = 4	6 – 4 = 1
4 – 1 = 3	6 – 2 = 3	3 – 1 = 2	4 – 3 = 1
3 – 2 = 2	5 – 3 = 2	6 – 2 = 2	5 – 3 = 2
6 – 1 = 5	4 – 2 = 1	5 – 4 = 2	6 – 5 = 2

3 Lege und rechne.

6 – 2 =	3 – 2 =
6 – 3 =	4 – 2 =
6 – 4 =	5 – 2 =
6 – 5 =	6 – 2 =

4

5 – ☐ = 1
6 – ☐ = 2
4 – ☐ = 1
6 – ☐ = 1

6 – ☐ = 3
5 – ☐ = 4
3 – ☐ = 2
5 – ☐ = 2

1: Aufgaben lösen und in die entsprechenden Kisten sortieren 2: Falsche Ergebnisse korrigieren
3: Dazulegen bzw. Wegnehmen eines Plättchens als Lösungsmöglichkeit erkennen
4: Beim Finden des Subtrahenden als Hilfe Plättchen (Beilage) nutzen

AH S. 12
ÜH S. 12

Umkehraufgaben

1

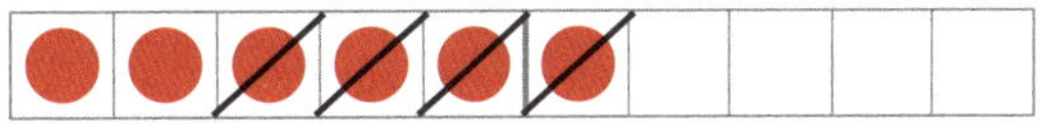

6 – 4 = ___

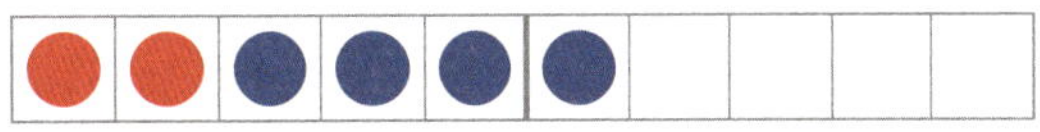

2 + 4 = ___

2

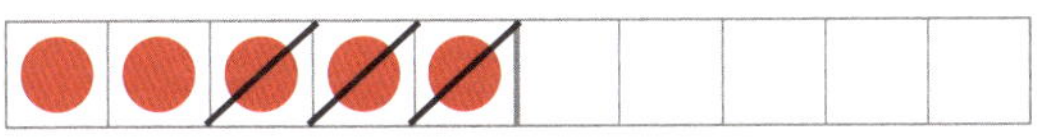

5 – 3 = ___

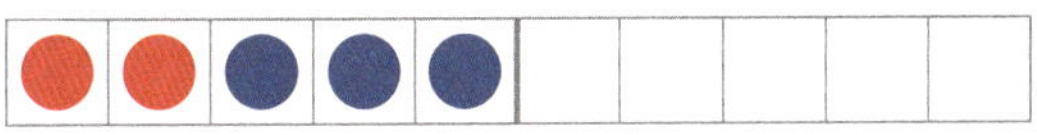

2 + 3 = ___

___ – ___ = ___

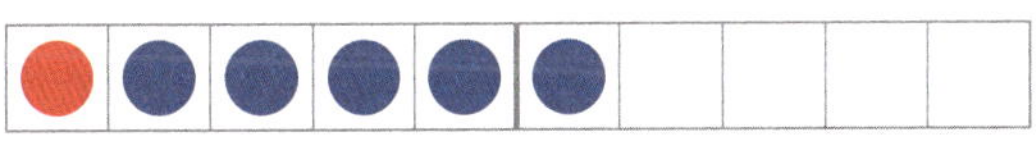

___ + ___ = ___

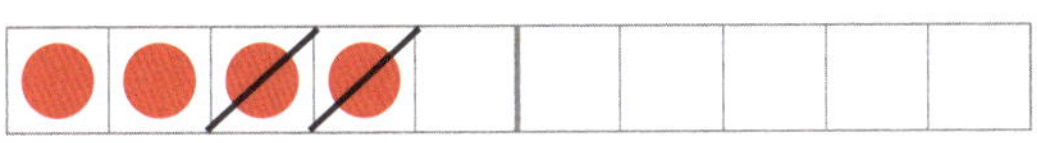

___ – ___ = ___

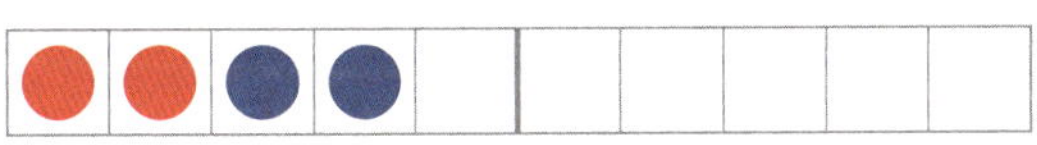

___ + ___ = ___

3 Lege und rechne.

5 – 1 = ___
___ + ___ = ___

3 – 2 = ___
___ + ___ = ___

6 – 3 = ___
___ + ___ = ___

5 – 2 = ___
___ + ___ = ___

6 – 2 = ___
___ + ___ = ___

5 – 4 = ___
___ + ___ = ___

5	–	1	=	4	
4	+	1	=	5	

1: Bilder beschreiben, Zusammenhang zwischen Addition und Subtraktion mit Plättchen (Beilage) handelnd erarbeiten
2 und 3: Zusammenhang (der Addition und Subtraktion) zur Kontrolle nutzen

AH S. 12
ÜH S. 12

Addieren und Subtrahieren bis 6

1

2 + 4 =
1 + 2 =
4 + 1 =
1 + 5 =

2 + 3 =
1 + 4 =
3 + 2 =
1 + 3 =

2

4 – 3 =
3 – 2 =
6 – 3 =
5 – 4 =

6 – 2 =
5 – 3 =
4 – 1 =
6 – 5 =

3

2 + 2 =
2 + 1 =
4 – 2 =
6 – 4 =

3 + 1 =
5 – 1 =
4 + 2 =
5 – 2 =

6 – 3 =
4 + 2 =
5 + 1 =
6 – 2 =

1 + 5 =
3 – 1 =
6 – 1 =
3 + 3 =

4

+	1	3	2
2	3		

+	2	1	3
3			

5

–	2	4	3
5	3		

–	3	2	4
6			

1: Möglichkeit von Tauschaufgaben als Lösungshilfe erläutern
4 und 5: Begriff „Tabelle“ einführen; bei der Kontrolle der Ergebnisse die Gleichungen nennen

AH S. 13
ÜH S. 13

1

4 + ☐ = 6	☐ + 2 = 4	☐ + 1 = 5
2 + ☐ = 6	☐ + 3 = 4	☐ + 3 = 4
1 + ☐ = 4	☐ + 1 = 3	☐ + 4 = 5
3 + ☐ = 6	☐ + 2 = 5	☐ + 1 = 6

2

6 – ☐ = 3	3 – ☐ = 2	5 – ☐ = 3
5 – ☐ = 2	5 – ☐ = 1	6 – ☐ = 1
4 – ☐ = 3	6 – ☐ = 1	4 – ☐ = 2
6 – ☐ = 2	4 – ☐ = 1	3 – ☐ = 1

3

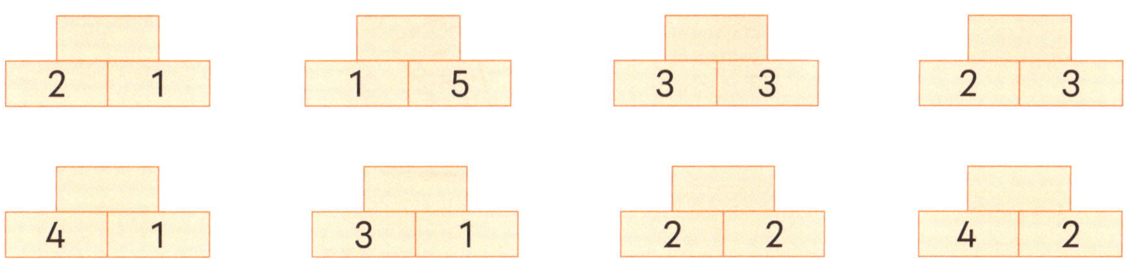

4

1 und 2: Eingeprägte Gleichungen zum Lösen nutzen, durch Legen das Finden der Ergebnisse unterstützen 3: Rechenmauern kennenlernen, bei der Kontrolle der Ergebnisse die Gleichungen nennen

Die Zahl 0

1

2

3

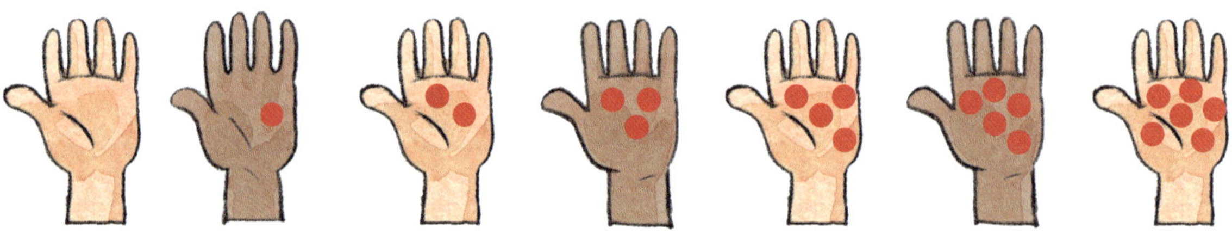

4

0 < 1	5 ○ 0	6 ○ 0	2 ○ 4
0 ○ 2	0 ○ 6	4 ○ 3	6 ○ 3
0 ○ 3	4 ○ 0	2 ○ 2	0 ○ 5
0 ○ 4	0 ○ 0	1 ○ 0	3 ○ 3

5

0

1: Zum Bild erzählen, die Zahl 0 (Ziffer 0) über die leere Menge erarbeiten
4: Zahlen vergleichen, Relationszeichen setzen
5: Zahl 0 verschieden darstellen, die Besonderheit der Darstellung hervorheben; KV 10 (HRU) nutzen

AH S. 15
ÜH S. 15

1

3 – 1 = ☐

3 – ☐ = ☐

3 – ☐ = ☐

2

4 – 2 = ☐

☐ – ☐ = ☐

☐ – ☐ = ☐

3 Lege und rechne.

6 – 3 = ☐	5 – 5 = ☐	6 – 0 = ☐
6 – 4 = ☐	4 – 4 = ☐	1 – 0 = ☐
6 – 5 = ☐	3 – 3 = ☐	2 – 0 = ☐
6 – 6 = ☐	2 – 2 = ☐	4 – 0 = ☐

4

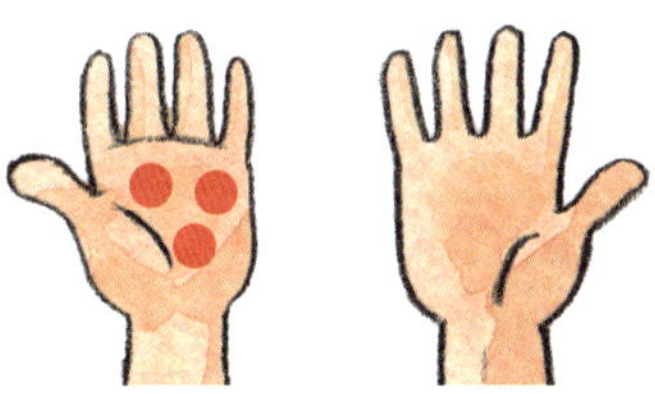

☐ + ☐ = ☐

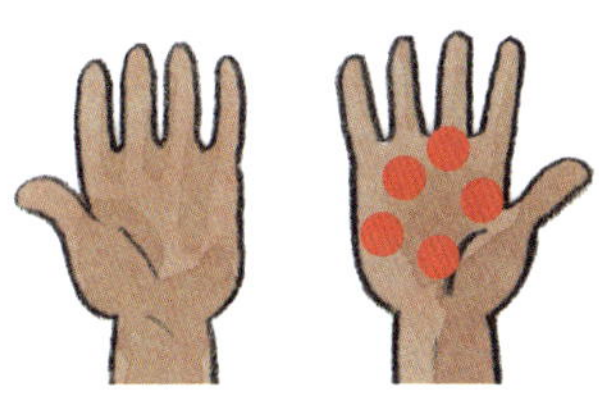

☐ + ☐ = ☐

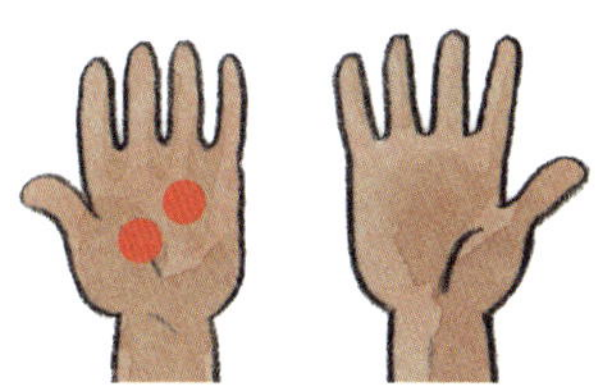

☐ + ☐ = ☐

5

0 + 5 = ☐	1 – 1 = ☐	0 + 2 = ☐	5 + 0 = ☐
3 + 2 = ☐	6 – 4 = ☐	4 + 0 = ☐	6 – 1 = ☐
1 + 5 = ☐	5 – 3 = ☐	3 + 1 = ☐	0 + 1 = ☐
6 + 0 = ☐	3 – 0 = ☐	0 + 3 = ☐	2 – 0 = ☐

1 und 2: Zu den Bildern erzählen, Zahl 0 über die Differenz gleicher Zahlen erarbeiten

AH S. 15
ÜH S. 15

BIST DU FIT?

1

2

2 ○ 3	5 ○ 0	2 ○ 4
4 ○ 1	2 ○ 5	5 ○ 5
3 ○ 5	1 ○ 1	6 ○ 0
6 ○ 6	3 ○ 4	3 ○ 1

3

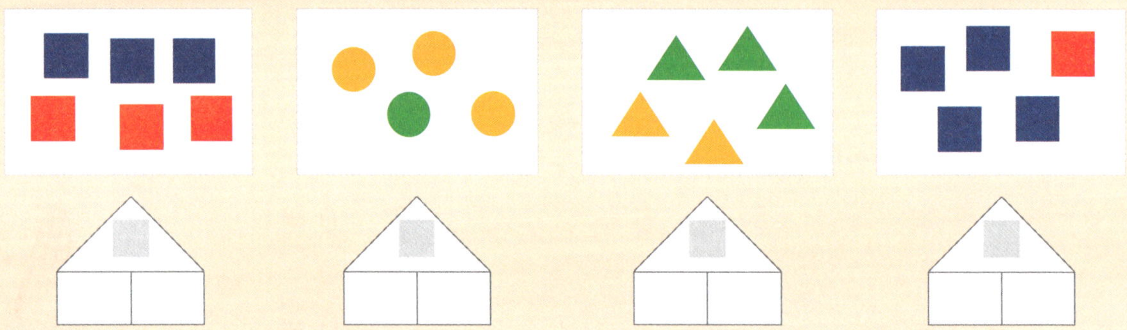

4

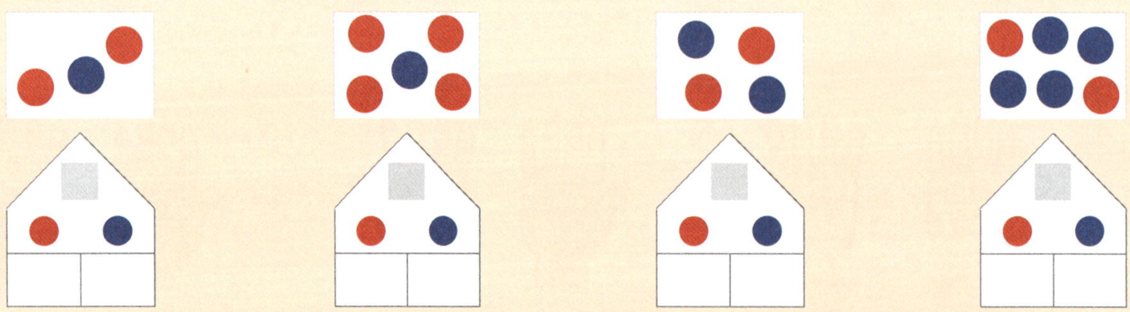

5

3 + 1 = ☐	3 – 2 = ☐	0 + 4 = ☐
2 + 3 = ☐	5 – 0 = ☐	6 – 5 = ☐
4 + 2 = ☐	4 – 4 = ☐	5 + 1 = ☐
6 + 0 = ☐	6 – 3 = ☐	1 – 0 = ☐

Aufgaben als Rückmeldung über den Leistungsstand nutzen
KV 11 (HRU) nutzen

Mit Zahlen spielen

1 Gestalte eine Seite zu deiner Lieblingszahl.

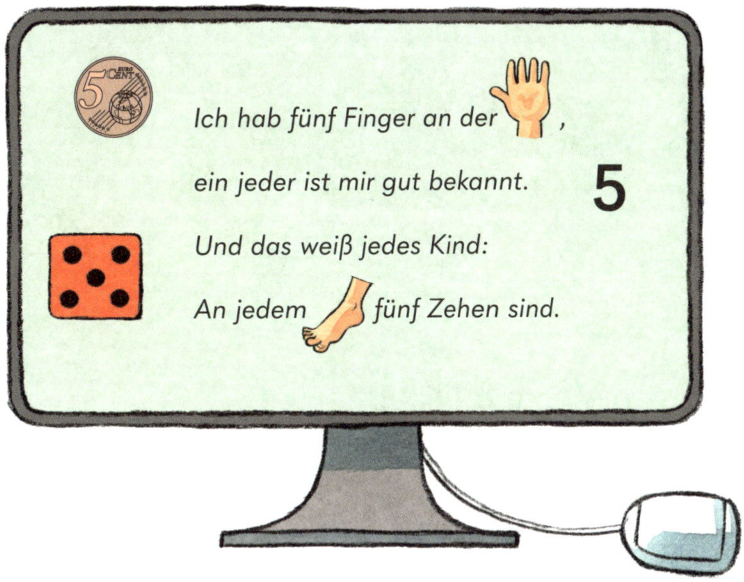

2 Wer belegt die meisten Zahlen?

1	2	3
4	5	6

3 Wie viele?

Die Zahl 7

1

2

3

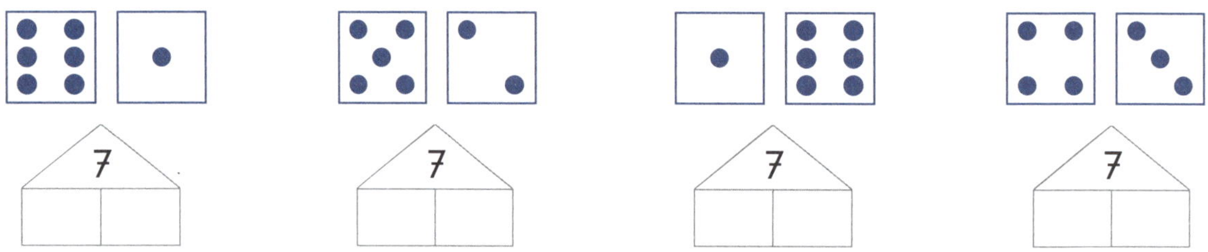

4

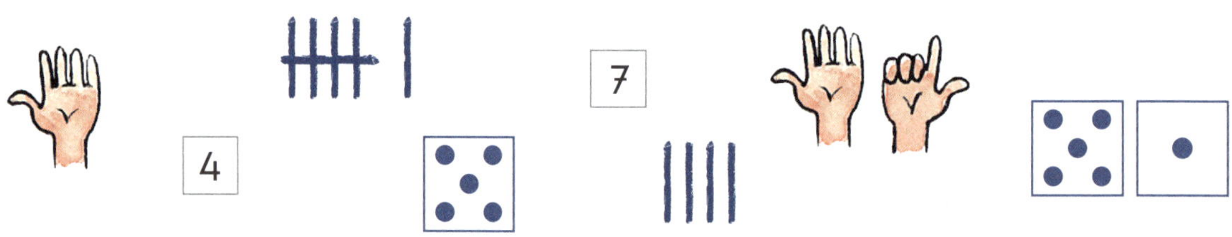

5

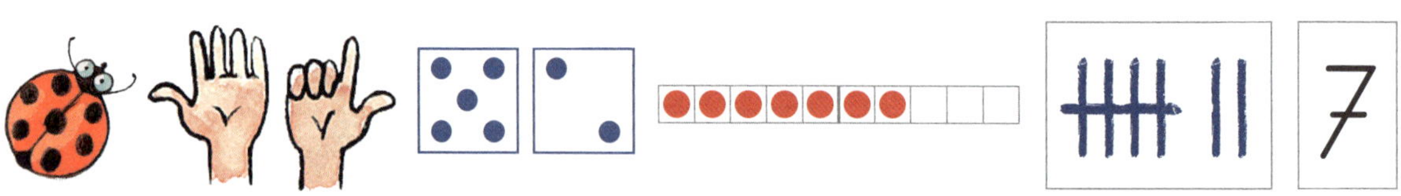

1: Zum Bild erzählen, Zahl 7 (Ziffer 7) erarbeiten, Zerlegungen im Bild erkennen
4: Gleiche Anzahlen zuordnen
5: Zahl 7 verschieden darstellen, dabei die Struktur der 5 nutzen; KV 7 (HRU) nutzen

AH S. 16
ÜH S. 16

Die Zahl 8

1

2

3

8	
4	4
8	
	2
	5

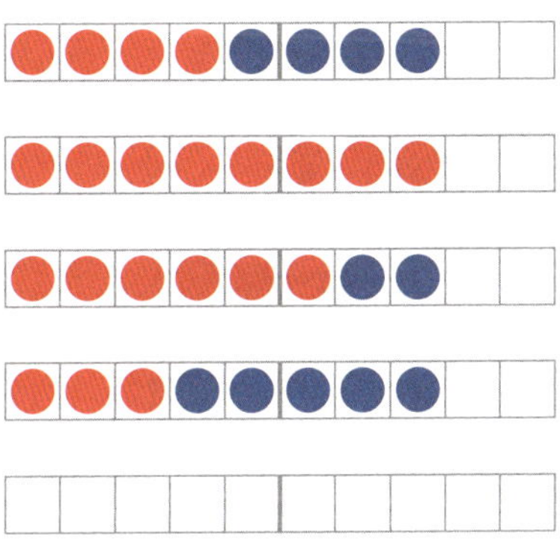

4

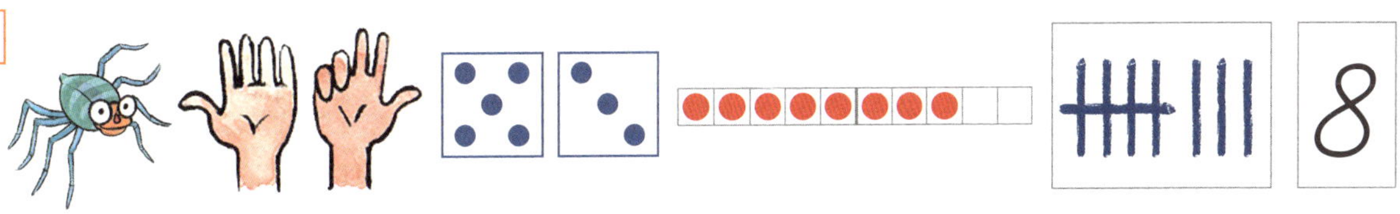

1: Zum Bild erzählen, Zahl 8 (Ziffer 8) erarbeiten, Zerlegungen im Bild erkennen 3: Zerlegung der Zahl 8 im Zerlegungshaus notieren, Plättchen und Zehnerfeld (Beilage) und KV 12 (HRU) zum Lösen nutzen 4: Zahl 8 verschieden darstellen, dabei die Struktur der 5 nutzen; KV 8 (HRU) nutzen

AH S. 16
ÜH S. 16

Die Zahl 9

1

2

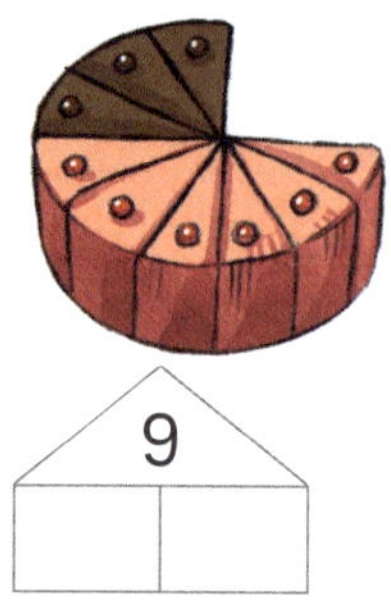

3

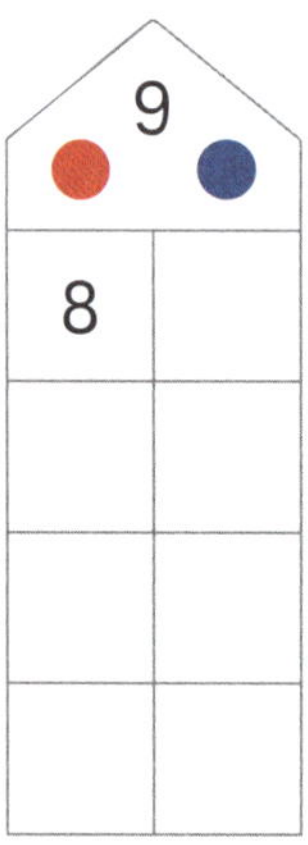

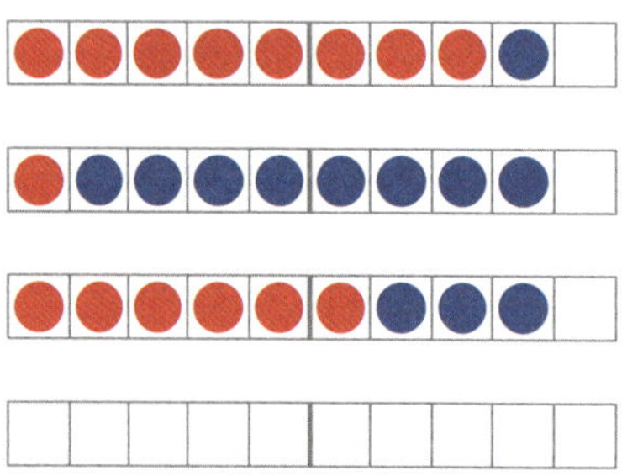

4

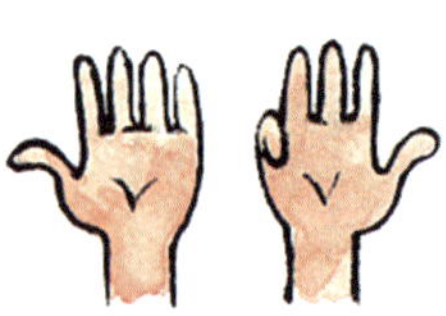

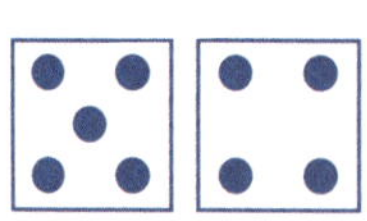

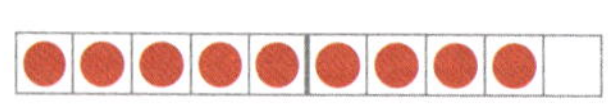

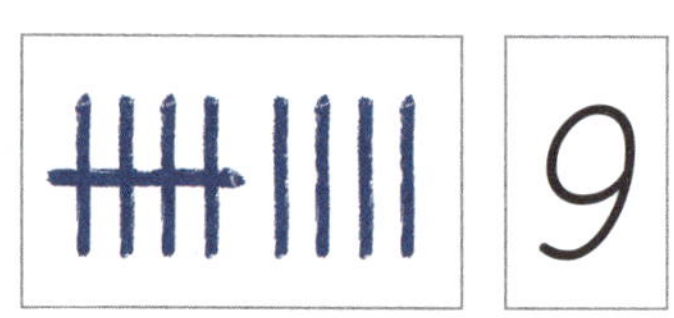

1: Zum Bild erzählen, Zahl 9 (Ziffer 9) erarbeiten
3: KV 12 (HRU) nutzen
4: Zahl 9 verschieden darstellen, dabei die Struktur der 5 nutzen; KV 9 (HRU) nutzen

MK

AH S. 17
ÜH S. 17

Die Zahl 10

1

2

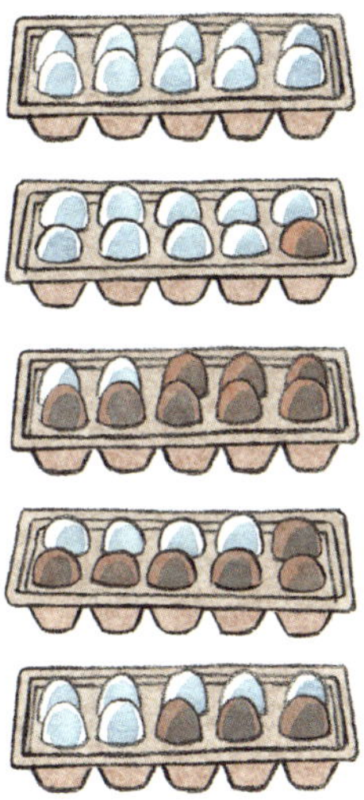

10	
10	0

10	

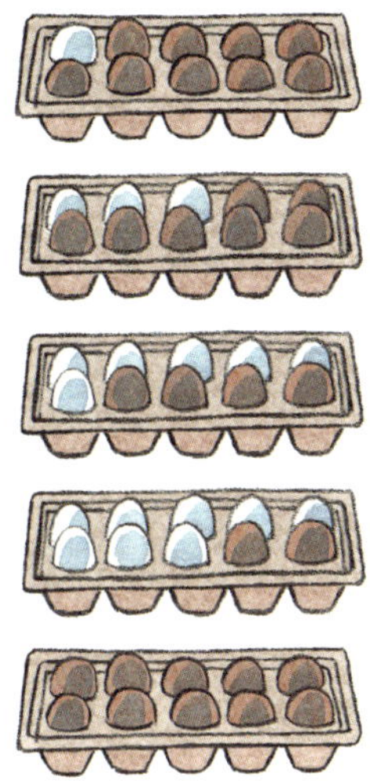

3

4

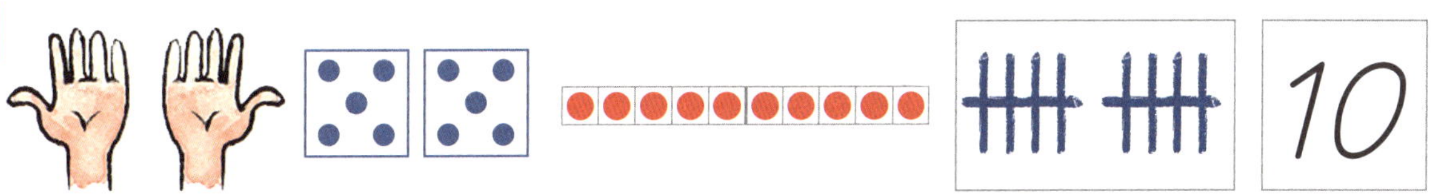

1: Zum Bild erzählen, Zahl 10 erarbeiten, Zerlegungen im Bild erkennen
3: Zählen; fehlende Zahlen nennen und ergänzen
4: Zahl 10 verschieden darstellen, dabei die Struktur der 5 hervorheben

AH S. 17
ÜH S. 17

Vergleichen der Zahlen von 0 bis 10

1

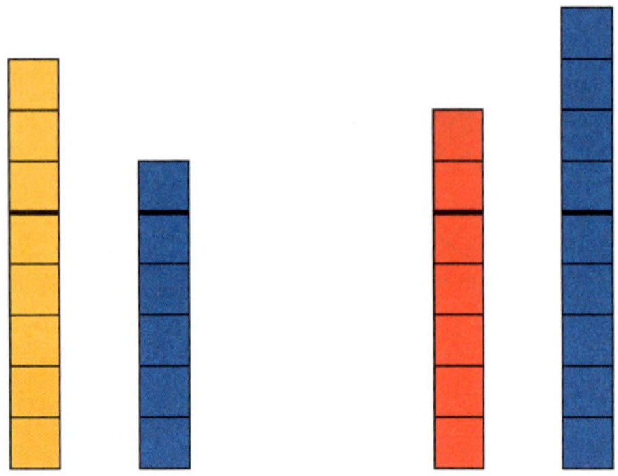

8 > 6	□ ○ □	□ ○ □

2

□ ○ □   □ ○ □

□ ○ □   □ ○ □

3

9 ○ 5	9 ○ 9
6 ○ 5	7 ○ 6
4 ○ 10	8 ○ 9
2 ○ 10	4 ○ 0

4

5 < 8	7 > □
5 < □	7 > □
5 < □	7 > □
5 < □	7 > □

5

6 < □	□ < 8	□ < □
6 > □	□ > 8	□ > □
6 = □	□ = 8	□ = □

1 und 2: Mengen handelnd vergleichen und Bedeutung der Relationszeichen wiederholen
4 und 5: Mehrere Lösungen möglich

AH S. 18
ÜH S. 18

Zerlegen der Zahlen von 1 bis 10

1

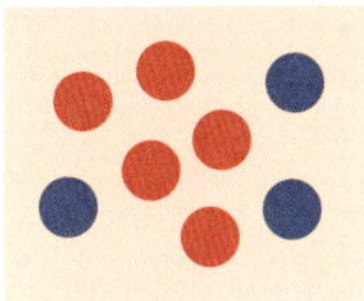

8	
5	

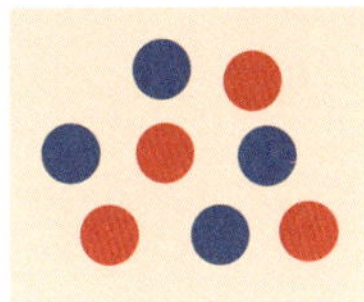

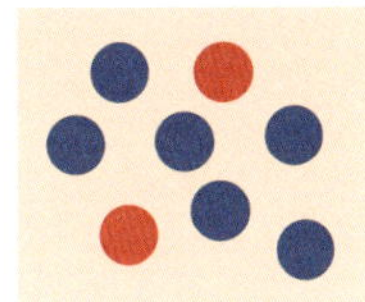

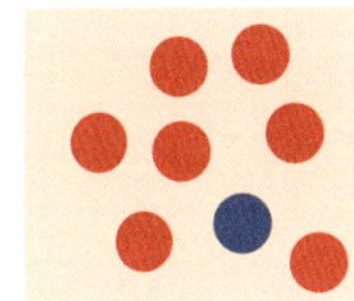

2

4	
4	0
3	
2	
1	
0	

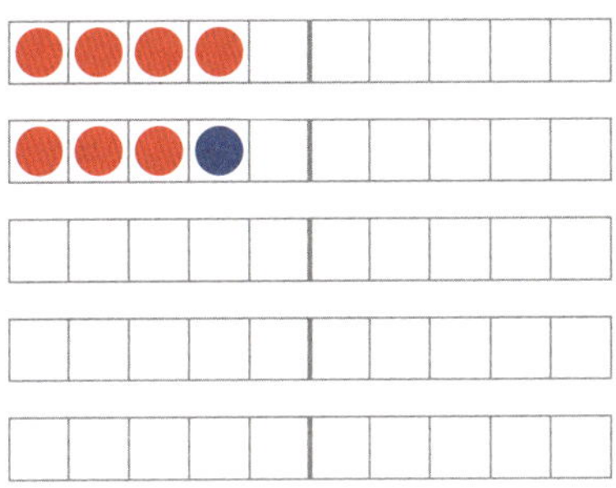

3 Lege. Finde alle Möglichkeiten.

7	
7	0
6	
5	
4	
3	
2	
1	
0	

9	
9	
8	
7	
6	

10	
10	
9	
8	

	7	
	7	0
	6	

1: Zerlegung der Mengen erkennen oder durch Legen von Plättchen (Beilage) nachvollziehen
2 und 3: Systematisches Vorgehen beim Zerlegen einer Zahl als Lösungsmöglichkeit erkennen, als Hilfe Plättchen nutzen; KV 12 (HRU) nutzen

Orientieren im Zahlenraum bis 10

1

2

3

1 □ □	□ 9 □	□ 4 □	□ □ 8	□ □ 7
3 □ □ 6	0 □ □ 3	□ 6 7 □	□ 8 9 □	
□ 5 □ □ □	□ □ □ 8 □	□ 2 □ □ □		

4 Zählt vorwärts.

von 3 bis 7   von 0 bis 5   von 1 bis 6

5 Zählt rückwärts.

von 8 bis 4   von 10 bis 5   von 7 bis 2

1: Ordnung der Zahlen erarbeiten
2 und 3: Mit Zahlenkarten (Beilage) arbeiten

AH S. 20
ÜH S. 20

Vorgänger und Nachfolger

1

Vorgänger Zahl Nachfolger

V	Z	N
5	6	7

Vorgänger Zahl Nachfolger

V	Z	N
	8	

2 Nennt Vorgänger und Nachfolger.

V	Z	N
	3	

V	Z	N
	6	

V	Z	N
	4	

V	Z	N
	7	

MERKE DIR

Zahlen (Z) haben einen Vorgänger (V) und einen Nachfolger (N).

3

V	Z	N
	2	
	5	
	7	
	9	

V	Z	N
	1	
	3	
	6	
	8	

4

V	Z	N
0		
6		
3		
5		

V	Z	N
		5
		8
		4
		10

5 Welche Zahlen liegen zwischen 0 und 4?

Welche Zahlen liegen zwischen 3 und 8?

Welche Zahlen liegen zwischen 5 und 10?

Zahlenkarten (Beilage) als Hilfe nutzen
1: Begriffe „Vorgänger“ und „Nachfolge“ einer Zahl einführen

AH S. 20
ÜH S. 20

Der Zahlenstrahl

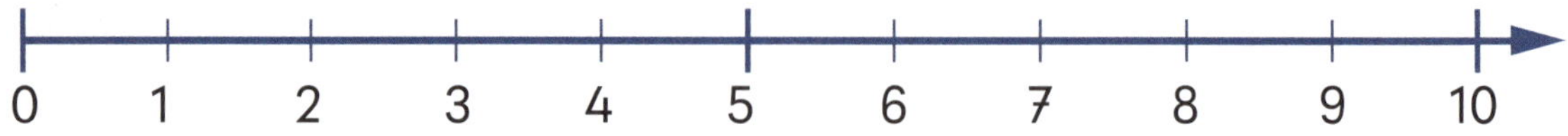

1 Zeigt am Zahlenstrahl.
3 0 7 9 10

2 Zeigt den Nachfolger von 8 3 5 1 6.

3 Zeigt den Vorgänger von 1 4 7 2 10.

4 Zeigt die Zahlen.
zwischen 3 und 5 zwischen 6 und 9

5 Zeichne einen Zahlenstrahl. Trage Zahlen an.

die Zahl 5
Zahlen kleiner als 5
Zahlen größer als 5

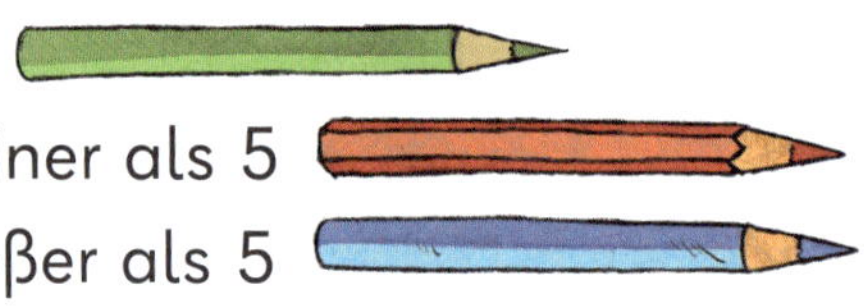

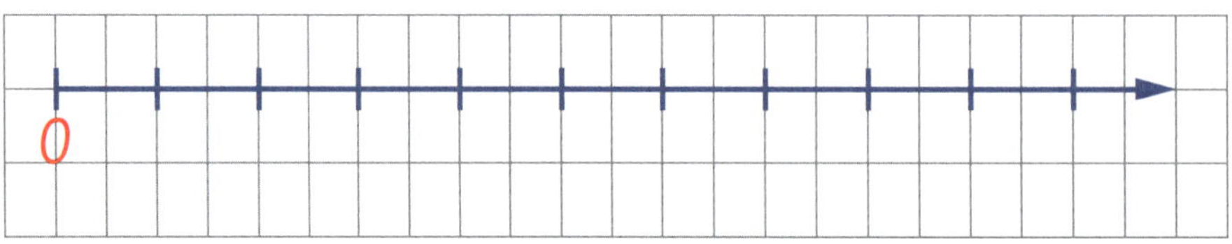

6

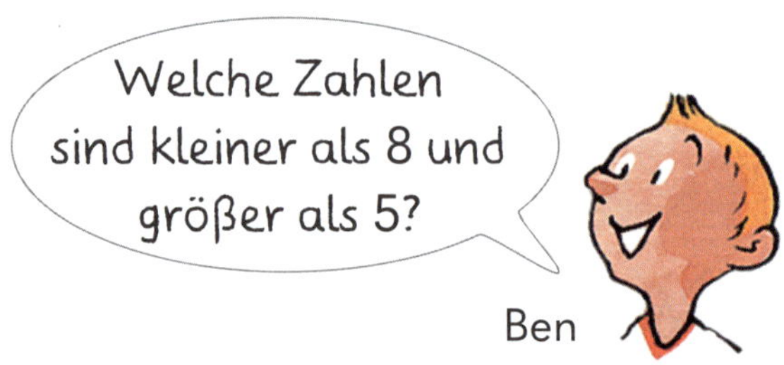

7 Stellt euch Aufgaben zum Zahlenstrahl.

1 und 2: Ordnung der Zahlen am Zahlenstrahl erarbeiten
KV 13 (HRU) nutzen

AH S. 21
ÜH S. 21

1

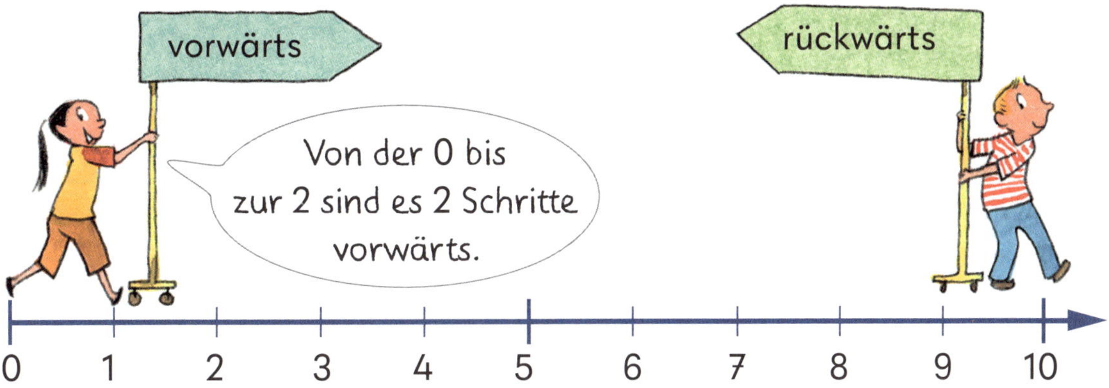

2 Zähle die Schritte.

Von der 6 zur 8 sind es ___ Schritte vorwärts.

Von der 5 zur 9 sind es ___ Schritte vorwärts.

Von der 3 zur 7 sind es ___ Schritte vorwärts.

Von der 10 zur 8 sind es ___ Schritte rückwärts.

Von der 3 zur 0 sind es ___ Schritte rückwärts.

3 Welche Zahlen fehlen?

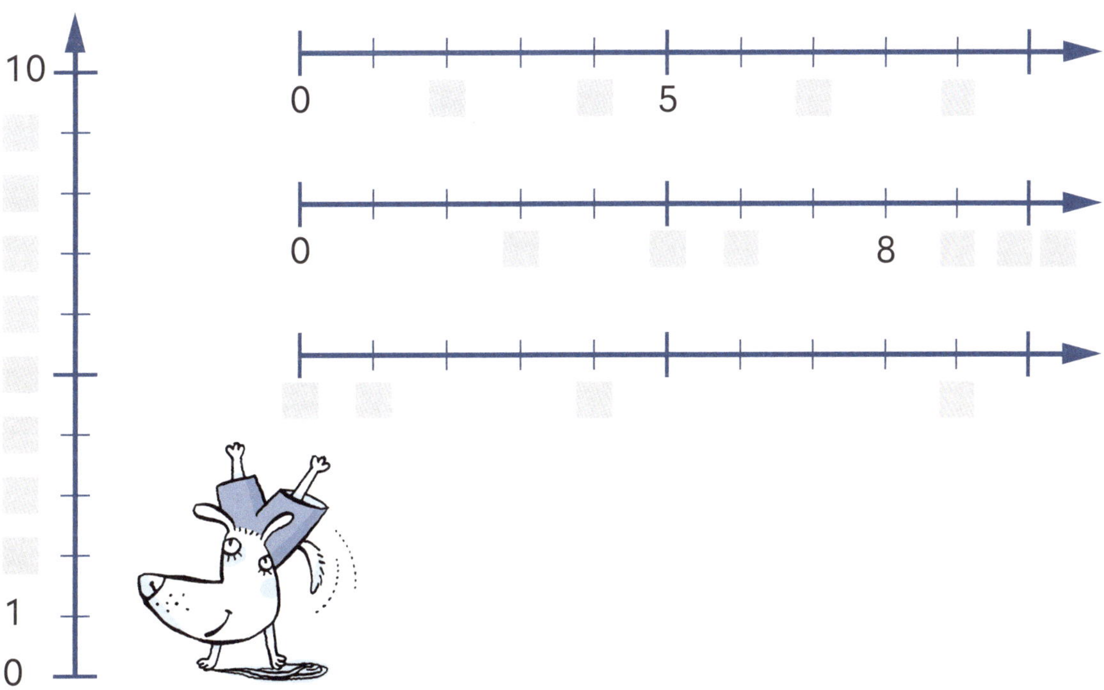

1: Zahlenstrahl auf den Boden zeichnen und mit Kindern Schritte am Zahlenstrahl vor und zurück gehen
KV 13 (HRU) nutzen

Ordnungszahlen

1

1.

2

3

Bilder beschreiben und Ordnungszahlen angeben, dabei die verschiedenen Richtungen beachten
1: Sprech- und Schreibweise thematisieren

AH S. 22
ÜH S. 22

1

2

3

1: Ordnungszahlen den Bildausschnitten zuordnen

Addieren bis 10

1

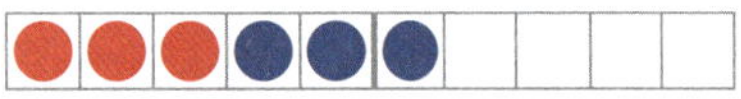

3 + 3 = ☐

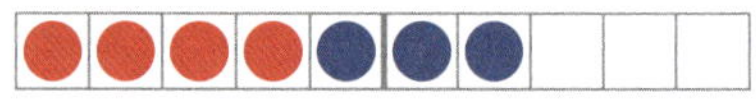

4 + 3 = ☐

2

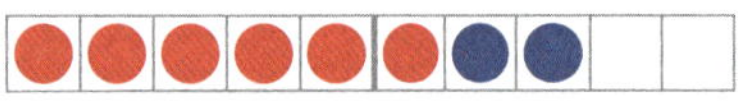

6 + 2 = ☐

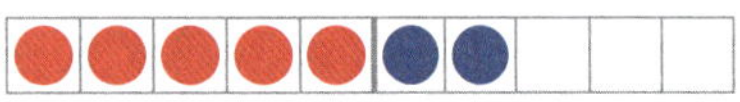

☐ + ☐ = ☐

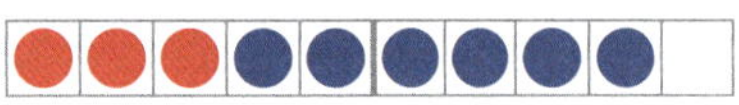

☐ + ☐ = ☐

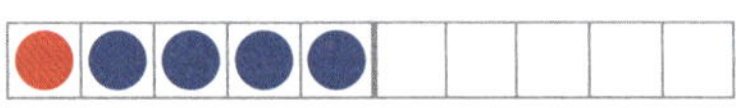

☐ + ☐ = ☐

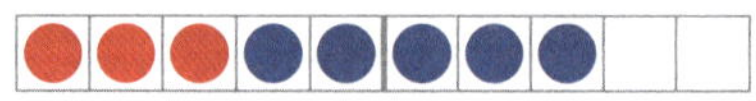

☐ + ☐ = ☐

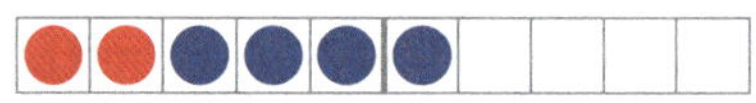

☐ + ☐ = ☐

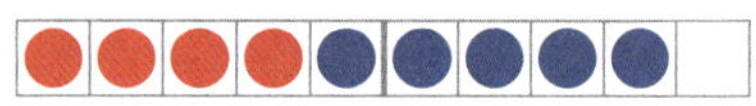

☐ + ☐ = ☐

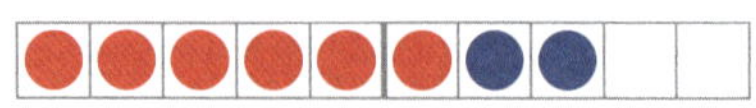

☐ + ☐ = ☐

3

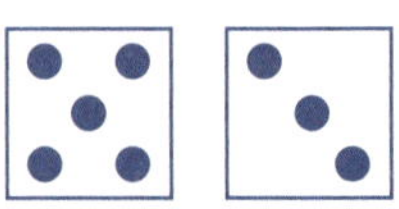

5 + 3 = ☐☐

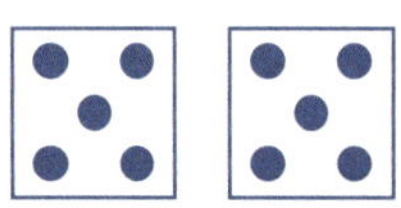

☐ + ☐ = ☐☐

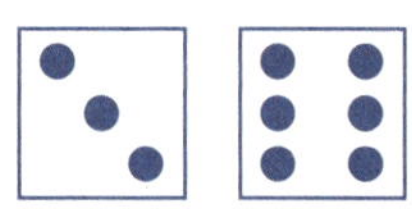

☐ + ☐ = ☐☐

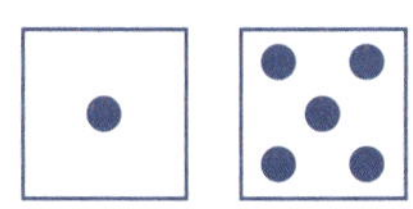

☐ + ☐ = ☐☐

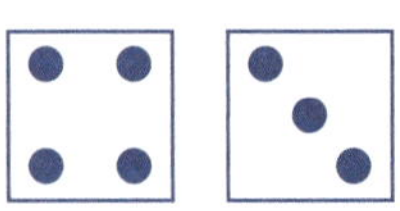

☐ + ☐ = ☐☐

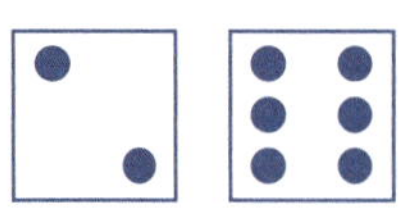

☐ + ☐ = ☐☐

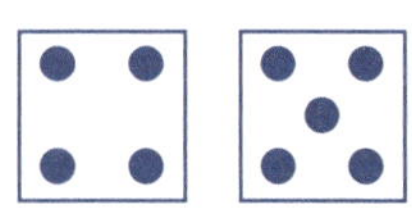

☐ + ☐ = ☐☐

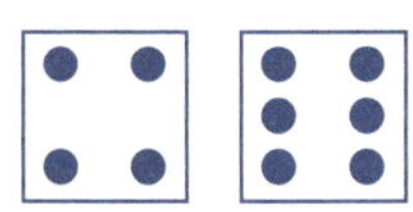

☐ + ☐ = ☐☐

1 und 2: Aufgaben mit Plättchen im Zehnerfeld (Beilage) legen

AH S. 23
ÜH S. 23

1 Lege und rechne.

4 + 3 =	1 + 6 =	4 + 6 =	8 + 2 =
6 + 2 =	2 + 2 =	1 + 8 =	4 + 4 =
5 + 5 =	3 + 7 =	5 + 2 =	3 + 6 =
7 + 2 =	5 + 4 =	2 + 6 =	2 + 3 =

MERKE DIR

Summand		Summand		Summe
4	+	2	=	6

Summe

2

2 + 4 =	4 + 5 =	3 + 3 =
3 + 4 =	3 + 5 =	3 + 4 =
4 + 4 =	2 + 5 =	3 + 5 =
5 + 4 =	1 + 5 =	3 + 6 =

3 Finde selbst solche Aufgaben.

4 Der 1. Summand ist 6. Der 2. Summand ist 3.
Berechne die Summe.

5 Lege und rechne.

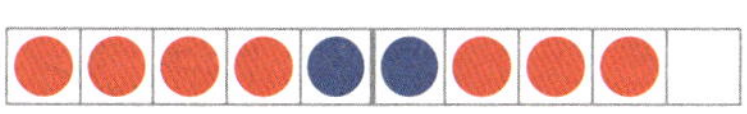

4 + 2 + 3 =

6 + 2 + 1 =	4 + 3 + 3 =	4 + 2 + 2 =
3 + 4 + 1 =	6 + 0 + 3 =	5 + 3 + 2 =
2 + 2 + 2 =	4 + 1 + 5 =	3 + 3 + 3 =

2: Muster erkennen und verbalisieren
4: Begriffe verstehen, Aufgabe finden
5: Situation mit Kindern nachspielen, Aufgabe mit Plättchen (Beilage) legen

AH S. 23
ÜH S. 23

Tauschaufgaben

1

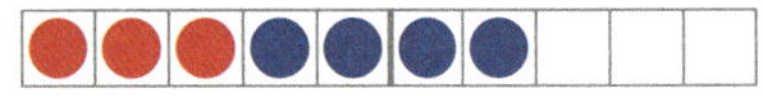

3 + 4 = __

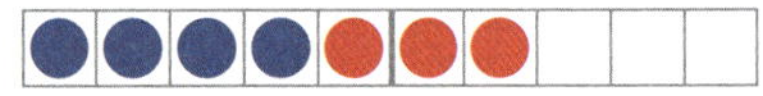

4 + 3 = __

2 Lege und rechne.

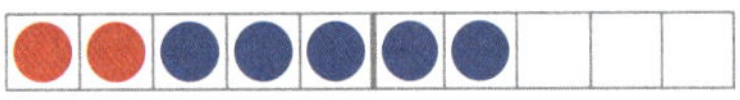

2 + __ = __
__ + __ = __

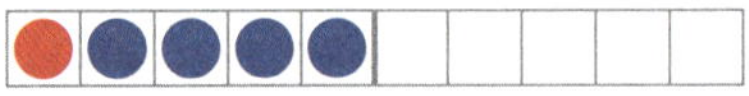

__ + __ = __
__ + __ = __

MERKE DIR

Die **Summanden** kannst du vertauschen. 3 + 4 = 7
Die **Summe** bleibt gleich. 4 + 3 = 7

3 Rechne Aufgabe und Tauschaufgabe.

4 + 5 = __ __	2 + 6 = __ __	0 + 7 = __ __
6 + 3 = __ __	2 + 4 = __ __	8 + 1 = __ __
3 + 7 = __ __	1 + 3 = __ __	4 + 3 = __ __
5 + 3 = __ __	4 + 6 = __ __	2 + 5 = __ __

4 + 5 = 9
5 + 4 = 9

4 Finde Aufgaben. Rechne auch die Tauschaufgabe.

__ + 5 = __ __	2 + __ = __ __	__ + __ = 7
__ + 3 = __ __	1 + __ = __ __	__ + __ = 9

1: Begriff „Tauschaufgabe" wiederholen
2: Aufgabe und Tauschaufgabe (Beilage) legen
3 und 4: Bei Bedarf Aufgabe und Tauschaufgabe mit Plättchen legen

AH S. 24

Addieren bis 10 – Übungen

1

6 + 1 = ☐	4 + 5 = ☐	5 + 5 = ☐	2 + 6 = ☐
4 + 3 = ☐	8 + 2 = ☐	6 + 3 = ☐	2 + 4 = ☐
3 + 3 = ☐	4 + 4 = ☐	7 + 1 = ☐	8 + 1 = ☐
1 + 4 = ☐	9 + 1 = ☐	2 + 5 = ☐	2 + 7 = ☐

2

7	8
3 + 4	2 + ☐
1 + ☐	5 + ☐
5 + ☐	6 + ☐
4 + ☐	1 + ☐

3

10	9
☐ + 1	☐ + ☐
3 + ☐	☐ + ☐
8 + ☐	☐ + ☐
☐ + 5	☐ + ☐

4

6 + ☐ = 9	3 + ☐ = 8
2 + ☐ = 9	6 + ☐ = 8
4 + ☐ = 7	4 + ☐ = 9
2 + ☐ = 7	3 + ☐ = 6

5

3 + 3 + 3 = ☐

1 + 3 + 5 = ☐

2 + 4 + 2 = ☐

6 + 3 + 0 = ☐

6 Die Summe ist 9. Der 1. Summand ist 6.
Berechne den 2. Summanden.

7

Mauer 1: oben ☐; Mitte ☐ ☐; unten 2 | 1 | 5

Mauer 2: oben ☐; Mitte ☐ ☐; unten 3 | 2 | 1

8

Mauer 1: oben ☐; Mitte 3 | ☐; unten 1 | ☐ | 2

Mauer 2: oben 9; Mitte ☐ ☐; unten ☐ | ☐ | ☐

Mauer 3: oben 10; Mitte ☐ ☐; unten ☐ | ☐ | 3

7 und 8: Schablone (Beilage) für Rechenmauer nutzen

Subtrahieren bis 10

1

9 – 5 =

8 – 4 =

2

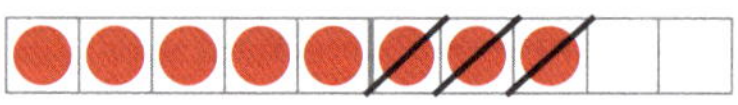

8 – 3 =

– =

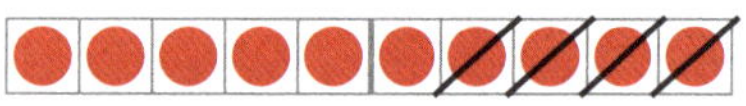

– =

– =

– =

– =

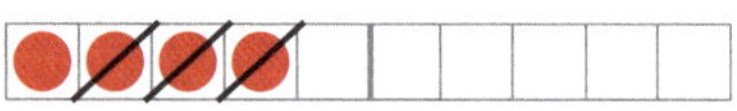

– =

– =

3 Lege und rechne.

10 – 2 =	9 – 6 =	9 – 4 =
6 – 3 =	7 – 5 =	6 – 5 =
4 – 4 =	8 – 7 =	10 – 8 =
3 – 2 =	6 – 4 =	8 – 6 =

1 und 2: Aufgaben mit Plättchen (Beilage) legen

AH S. 25
ÜH S. 25

1 Lege und rechne.

4 – 2 =	10 – 1 =	8 – 2 =	9 – 8 =
6 – 3 =	6 – 2 =	7 – 3 =	4 – 3 =
3 – 1 =	5 – 5 =	6 – 1 =	10 – 5 =
5 – 4 =	9 – 3 =	9 – 6 =	5 – 3 =

MERKE DIR

Minuend		Subtrahend		Differenz
7	–	6	=	1

Differenz (von 7 bis 6)

2

8 – 6 =	9 – 5 =	10 – 5 =
8 – 5 =	9 – 4 =	10 – 4 =
8 – 4 =	9 – 3 =	10 – 3 =
8 – 3 =	9 – 2 =	10 – 2 =

3 Finde selbst solche Aufgaben.

4 Der Minuend ist 8. Der Subtrahend ist 4.
Berechne die Differenz.

5 Lege und rechne.

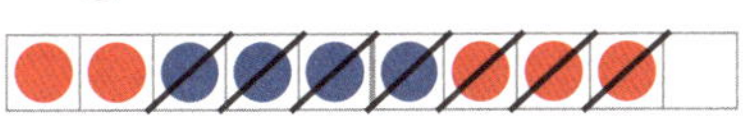

9 – 3 – 4 =

8 – 4 – 3 =	7 – 6 – 0 =	4 – 0 – 1 =
6 – 2 – 1 =	9 – 5 – 2 =	5 – 2 – 3 =
5 – 3 – 2 =	10 – 3 – 4 =	9 – 6 – 2 =

2: Muster erkennen und verbalisieren
4: Begriffe verstehen, Aufgaben finden
5: Situation mit Kindern nachspielen, Aufgaben mit Plättchen (Beilage) legen

Umkehraufgaben

1

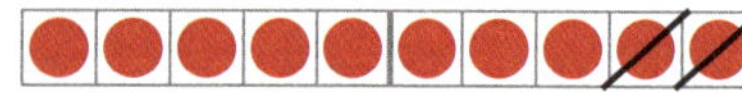

10 – 2 = ☐

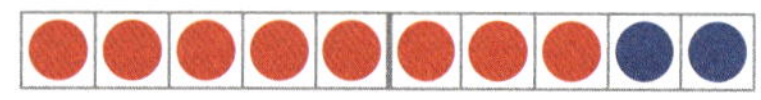

8 + 2 = ☐☐

2 Lege und rechne.

7 – ☐ = ☐

☐ + ☐ = ☐

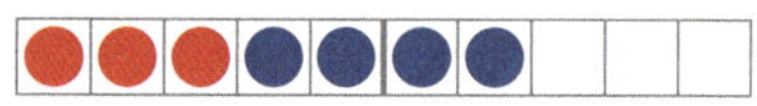

3 + ☐ = ☐

☐ – ☐ = ☐

3 Rechne Aufgabe und Umkehraufgabe.

10 – 4 = ☐	8 – 4 = ☐	9 – 8 = ☐
9 – 5 = ☐	6 – 4 = ☐	7 – 5 = ☐
8 – 6 = ☐	7 – 3 = ☐	8 – 5 = ☐
6 – 2 = ☐	9 – 4 = ☐	10 – 8 = ☐

1	0	–	4	=	6
	6	+	4	=	1 0

4

4 + 2 = ☐☐	7 + 2 = ☐☐	1 + 7 = ☐☐
5 + 3 = ☐☐	5 + 5 = ☐☐	4 + 5 = ☐☐
2 + 7 = ☐☐	2 + 3 = ☐☐	2 + 6 = ☐☐
6 + 3 = ☐☐	1 + 4 = ☐☐	3 + 4 = ☐☐

4	+	2	=	6
6	–	2	=	4

5

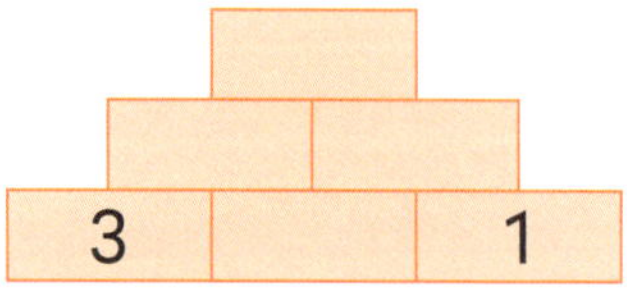

1 und 2: Situation nachspielen, Zusammenhang zwischen Addition und Subtraktion mit Kindern nachstellen 3: Zusammenhang (der Addition und Subtraktion) zur Kontrolle nutzen
5: Zusammenhänge anwenden, mehrere Lösungen möglich

AH S. 26

Subtrahieren bis 10 – Übungen

1

9 – 6 =	8 – 5 =	5 – 4 =	10 – 8 =
3 – 2 =	9 – 4 =	9 – 7 =	8 – 7 =
4 – 3 =	10 – 3 =	4 – 4 =	6 – 5 =
6 – 6 =	7 – 5 =	9 – 5 =	7 – 3 =

2

8 – ☐ = 5	4 – ☐ = 2
9 – ☐ = 4	8 – ☐ = 3
10 – ☐ = 6	6 – ☐ = 1
7 – ☐ = 5	9 – ☐ = 3

3

8 – 6 – 1 =
7 – 3 – 4 =
9 – 2 – 4 =
10 – 3 – 4 =

4

Oben: ☐	Oben: ☐	Oben: 10
Mitte: 4, ☐	Mitte: 3, 4	Mitte: ☐, ☐
Unten: 1, ☐, 1	Unten: ☐, ☐, ☐	Unten: ☐, ☐, ☐

5 Bilde selbst Rechenmauern.

6

–	7	4	3
9			
8			

–	4	6	5
7			
6			

–	0	6	7
10			
8			

7 Berechne die Differenz aus

7 und 3 | 10 und 6 | 9 und 9 | 8 und 4.

8 Der Minuend ist 10. Der Subtrahend ist 7.
Berechne die Differenz.

4: Mehrere Lösungen möglich

AH S. 26
ÜH S. 26

Addieren und Subtrahieren bis 10

1

7 – 4	1 + 3	8 – 5	1 + 6	8 – 4	8 – 2

0 + 7	2 + 4	10 – 3	10 – 6	1 + 2	9 – 6

2

8	6	6	2
2 + 6	6 + □	10 – 4	9 – □
7 + □	□ + 1	7 – □	□ – 6
□ + 8	□ + □	9 – □	□ – □
□ + 5	□ + □	8 – □	□ – □

3

$3 \xrightarrow{+4} 7$	$6 \xrightarrow{-3} □$	$3 \xrightarrow{+5} □$
$6 \xrightarrow{+3} □$	$7 \xrightarrow{-5} □$	$10 \xrightarrow{-4} □$
$5 \xrightarrow{+4} □$	$8 \xrightarrow{-7} □$	$4 \xrightarrow{+5} □$
$2 \xrightarrow{+6} □$	$6 \xrightarrow{-5} □$	$8 \xrightarrow{-1} □$

4

$5 \xrightarrow{+□} 10$

$6 \xrightarrow{+□} 9$

$8 \xrightarrow{-□} 3$

$7 \xrightarrow{-□} 4$

5

+	2	3	4
6			
3			

–	3	6	7
8			
9			

6

+	5	1	6
	9		
		4	

1: Aufgaben lösen und in die entsprechenden Kisten sortieren
3 und 4: Bei der Kontrolle der Ergebnisse Gleichungen nennen

AH S. 27 bis 29
ÜH S. 27 bis 29

Gleichungen und Ungleichungen

1

Anna

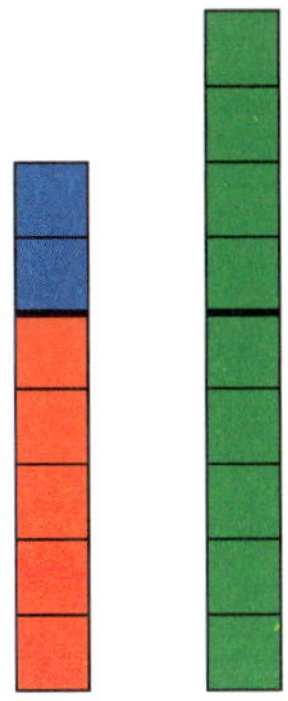

5 + 2 < 9
7 < 9

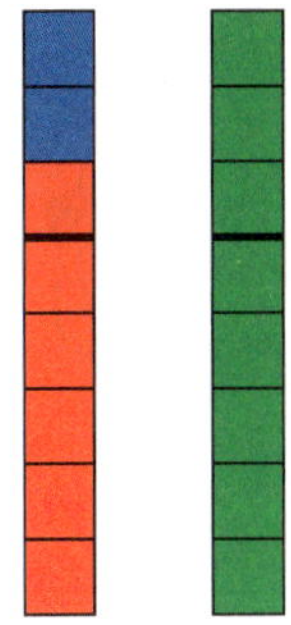

6 + 2 __ 8
8 __ 8

2 Setze das richtige Zeichen ein: <, >, = .

6 + 3 __ 10	8 + 2 __ 9	9 – 7 __ 4	9 – 3 __ 6
0 + 7 __ 7	9 + 0 __ 10	10 – 3 __ 2	9 – 5 __ 2
3 + 4 __ 10	2 + 7 __ 9	9 – 1 __ 2	10 – 10 __ 1
5 + 0 __ 5	7 + 3 __ 10	7 – 7 __ 2	8 – 3 __ 4

3 Richtig r oder falsch f ?

6 + 3 < 9 __	10 – 4 < 5 __
4 + 2 > 5 __	9 – 0 = 9 __
3 + 2 = 7 __	5 – 4 < 2 __
7 + 3 = 10 __	7 – 5 > 1 __

4 Welche Zahl kannst du einsetzen?

3 + __ < 6	10 – __ > 7
6 + __ < 9	9 – __ > 4
1 + __ < 7	8 – __ > 2
4 + __ < 8	10 – __ > 6

1: Vergleichen durch Legen (Legematerial) oder Bauen erarbeiten
3: Falsche Zeichen korrigieren
4: Differenzierung: Beim Lösen systematisch vorgehen und mit Null beginnen

Aufgabenfamilien

1

6, 2, 8

6 + 2 = □
2 + 6 = □
8 – 2 = □
8 – 6 = □

2

2, 3, 5

2 + 3 = □
3 + 2 = □
5 – 3 = □
5 – 2 = □

4, 5, 9

4 + 5 = □
5 + 4 = □
9 – 5 = □
9 – 4 = □

4, 7, 3

4 + 3 = □
3 + 4 = □
□ – □ = □
□ – □ = □

3

3, 5, 8   3, 9, 6

3,	5,	8				
3	+	5	=	8		
5	+	3	=	8		
8	–	5	=	3		
8	–	3	=	5		

4

2, 5, □   □, 4, 4

□, 6, 3   □, 2, 7

5 Finde selbst Aufgabenfamilien.

6 Max behauptet: Mit 3, 5, 9 kann man keine Aufgabenfamilie bilden.
Stimmt das? Begründe.

1: Zusammenhang zwischen den 4 Aufgaben herausarbeiten, dabei die Begriffe „Tauschaufgabe“ und „Umkehraufgabe“ wiederholen 4: Verschiedene Lösungen möglich

AH S. 30
ÜH S. 30

Sachaufgaben – Rechengeschichten finden

1

☐ ☐ ☐ = ☐

2

☐ ☐ ☐ = ☐

☐ ☐ ☐ = ☐

3

☐ ☐ ☐ = ☐

☐ ☐ ☐ = ☐

Geschichten zu den Bildern erzählen, passende Aufgaben finden, alle Aufgaben der Aufgabenfamilie sind möglich

BIST DU FIT?

1

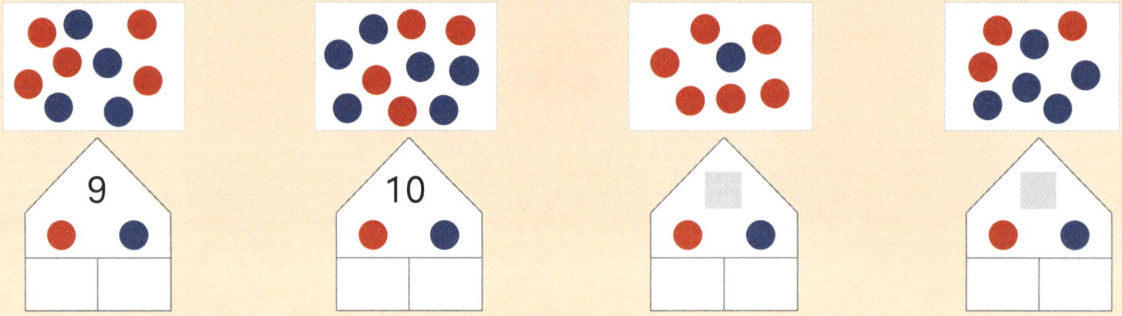

2

7 ◯ 9
8 ◯ 8
7 ◯ 6
9 ◯ 10

6 ◯ 6
3 ◯ 3
8 ◯ 7
5 ◯ 6

3

V	Z	N
	3	
	4	
	6	

V	Z	N
0		
8		
		3

4

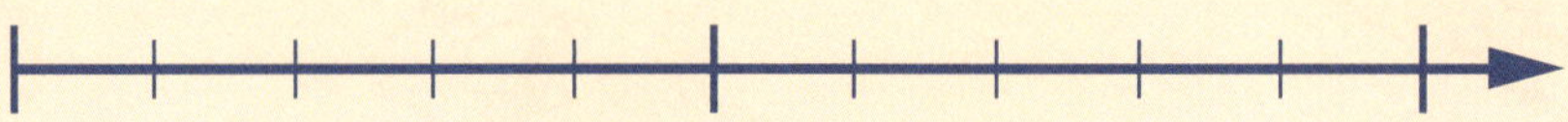

☐ ☐ 2 ☐ 4 ☐ ☐ 7 ☐ ☐ 10

5

5 + 5 = ☐☐
3 + 6 = ☐☐
4 + 5 = ☐☐
0 + 7 = ☐☐

4 + ☐ = 10
7 + ☐ = 9
5 + ☐ = 8
3 + ☐ = 7

6

8 − 3 = ☐
10 − 2 = ☐
9 − 4 = ☐
7 − 6 = ☐

8 − ☐ = 6
7 − ☐ = 4
9 − ☐ = 6
10 − ☐ = 5

7 Bilde Aufgabenfamilien.

3 4 7

1 7 8

5 4 ◯

8

5 + 2 + 3 = ☐☐
1 + 3 + 4 = ☐☐
4 + 5 + 0 = ☐☐
2 + 2 + 3 = ☐☐

7 − 2 − 4 = ☐
8 − 3 − 5 = ☐
10 − 2 − 5 = ☐
9 − 3 − 4 = ☐

Aufgaben als Rückmeldung über den Leistungsstand nutzen
KV 11 (HRU) nutzen
PH S. 5 und 6

Mit Zahlen spielen

1 Gestalte eine Seite zu deiner Lieblingszahl.

2 Wer bekommt die meisten Karten?

3 Welche Zerlegungen stimmen?

1: Zahlenbuch oder Zahlenplakate anfertigen, analog oder digital
2 und 3: Zahlenkarten (Beilage) nutzen

MK

Geldwerte von 1 Cent bis 10 Cent

1

2 Lege nach.

10 ct

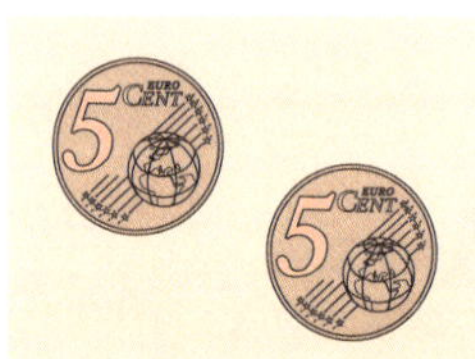

___ ct

___ ct

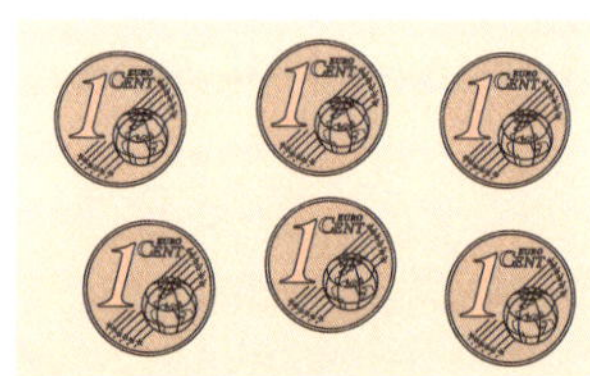

___ ct

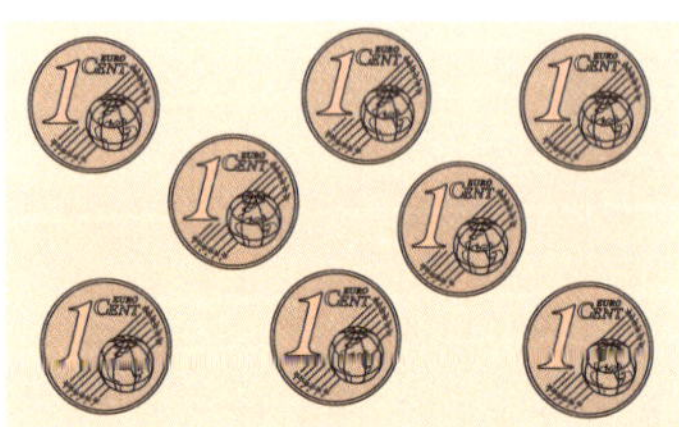

___ ct

___ ct

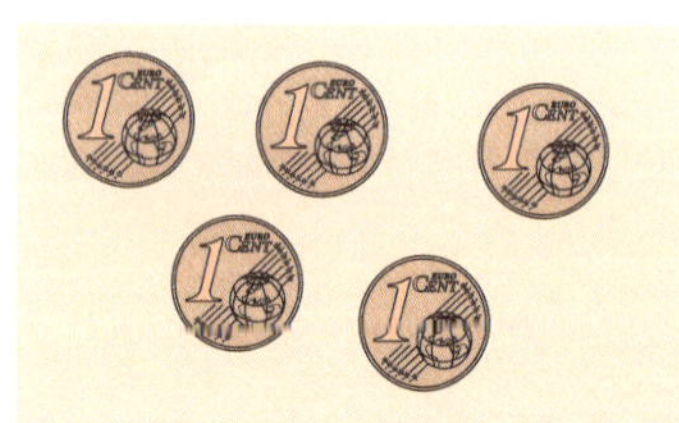

___ ct

3

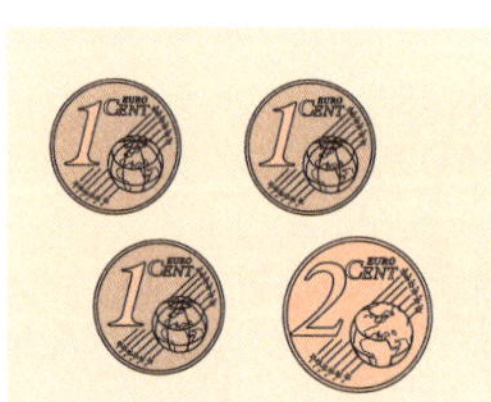

___ ct

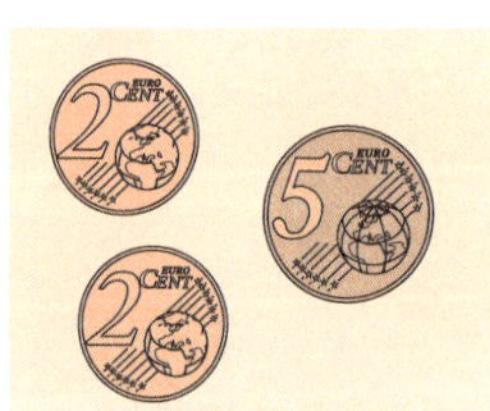

___ ct

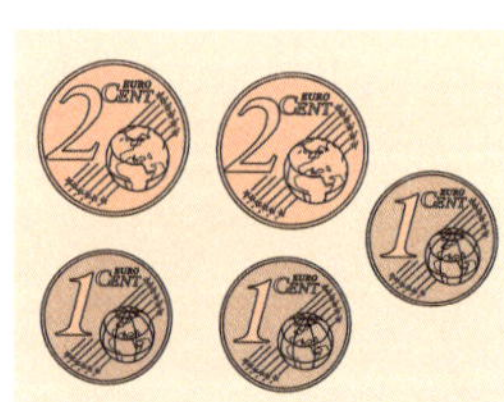

___ ct

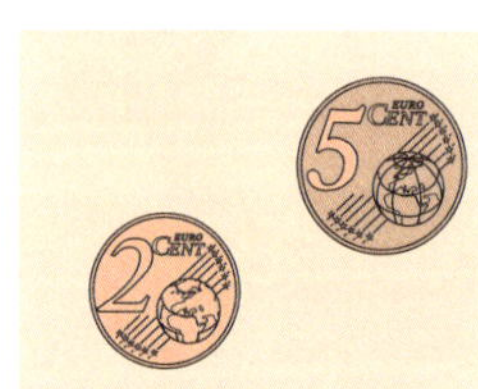

___ ct

1: Über Einkaufssituation sprechen, Cent-Münzen einführen
2 und 3: Beträge mit Münzen (Beilage) nachlegen

AH S. 32
ÜH S. 31

1 Lege immer 9 ct.

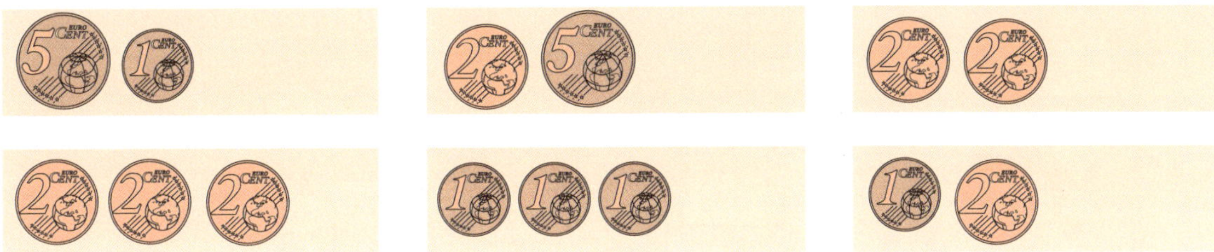

2 Lege. Finde verschiedene Möglichkeiten.

4 ct  oder 

5 ct ____ 6 ct ____

3 Lege und rechne.

7 ct + 2 ct = ___ ct	9 ct – 4 ct = ___ ct	4 ct + 4 ct = ___ ct
3 ct + 6 ct = ___ ct	8 ct – 5 ct = ___ ct	9 ct – 2 ct = ___ ct
2 ct + 8 ct = ___ ct	5 ct – 1 ct = ___ ct	0 ct + 7 ct = ___ ct
5 ct + 5 ct = ___ ct	10 ct – 5 ct = ___ ct	6 ct – 5 ct = ___ ct

4

7 ct + ___ ct = 9 ct	10 ct – ___ ct = 3 ct	3 ct + ___ ct = 9 ct
3 ct + ___ ct = 9 ct	8 ct – ___ ct = 2 ct	6 ct – ___ ct = 0 ct
2 ct + ___ ct = 10 ct	7 ct – ___ ct = 0 ct	1 ct + ___ ct = 5 ct
8 ct + ___ ct = 8 ct	6 ct – ___ ct = 6 ct	5 ct – ___ ct = 3 ct

5

___ ct + 2 ct = 6 ct
___ ct + 4 ct = 8 ct
___ ct – 5 ct = 0 ct
___ ct – 8 ct = 1 ct

6

2 ct + 3 ct + ___ ct = 10 ct
2 ct + ___ ct + 2 ct = 9 ct
10 ct – 2 ct – ___ ct = 1 ct
8 ct – ___ ct – 2 ct = 0 ct

1 und 2: Beträge mit verschiedenen Münzen (Beilage) legen
3 bis 6: Beträge durch Legen und/oder Rechnen ermitteln

MK

AH S. 33
ÜH S. 32

Geldwerte von 1 Euro bis 10 Euro

1

2 Lege. Finde verschiedene Möglichkeiten.

oder

3 Bezahle auf verschiedene Weise.

4	1	0

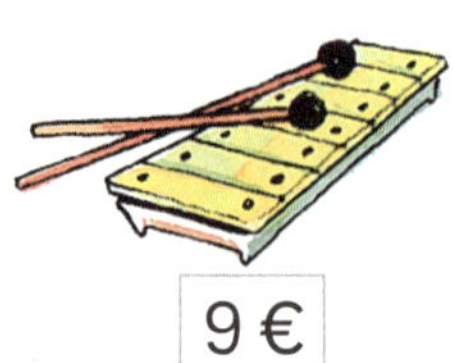

0	2	1

1: Über Einkaufssituation sprechen, Euro-Münzen und Euro-Scheine einführen
2: Geldbeträge (Beilage) legen, verschiedene Möglichkeiten besprechen
3: Verschiedene Möglichkeiten legen

AH S. 34
ÜH S. 33

1 Legt immer 10 €. Findet alle Möglichkeiten.

2 Wie viel musst du bezahlen? Lege und rechne.

3 € + 6 € = ___ €

___ € + ___ € = ___ ___ €

___ € + ___ € = ___ ___ €

___ € + ___ € = ___ ___ €

___ € + ___ € = ___ ___ €

___ € + ___ € = ___ ___ €

3 Lege und rechne.

8 € + 1 € = ___ €	3 € + ___ € = 8 €	___ ___ € + 2 € = 9 €
3 € + 3 € = ___ €	1 € + ___ € = 5 €	___ ___ € + 4 € = 5 €
7 € – 4 € = ___ €	6 € – ___ € = 3 €	___ ___ € – 6 € = 4 €
9 € – 6 € = ___ €	10 € – ___ € = 6 €	___ ___ € – 9 € = 1 €

4

6 € + 2 € + 1 € = ___ ___ €	10 € – 6 € – 2 € = ___ €
3 € + 1 € + 6 € = ___ ___ €	9 € – 1 € – 2 € = ___ €
4 € + 0 € + 4 € = ___ ___ €	6 € – 2 € – 4 € = ___ €
2 € + 5 € + 2 € = ___ ___ €	7 € – 1 € – 5 € = ___ €

5 Was kannst du für 10 € kaufen?

2 bis 4: Vorgehensweise beim Lösen von Platzhalteraufgaben besprechen, Platzhalter durch Legen und/oder rechnen finden
5: Preise recherchieren, Plakate oder Seiten anfertigen, analog oder digital

AH S. 35
ÜH S. 34

Würfel, Quader, Kugel

1 Welche Gegenstände haben die Formen von Würfeln, Quadern und Kugeln?

MERKE DIR

Würfel Quader Kugel

Würfel, Quader und Kugeln sind Körper.

2 Baut mit Würfeln, Quadern und Kugeln.

3 Welche Körper können rollen, stehen oder kippen?

4 Forme die Körper aus Knete.

5 Welche Gegenstände haben die Form von Würfeln, Quadern und Kugeln? Klebe auf.

1: Alltagsgegenstände in den Unterricht mitbringen, den Körpern zuordnen
2 bis 4: Eigenschaften von Körpern entdecken
5: Eigenschaften wiedererkennen

MK

AH S. 36
ÜH S. 35

Bauen mit Würfeln

1 Baue nach und zähle.

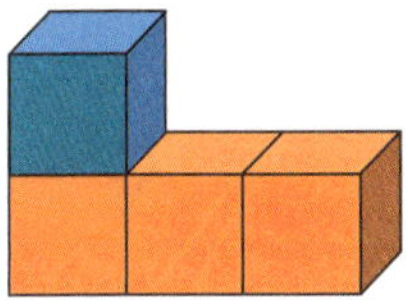

☐ Würfel

☐ Würfel

☐ Würfel

2

☐ Würfel

☐ Würfel

☐ Würfel

3

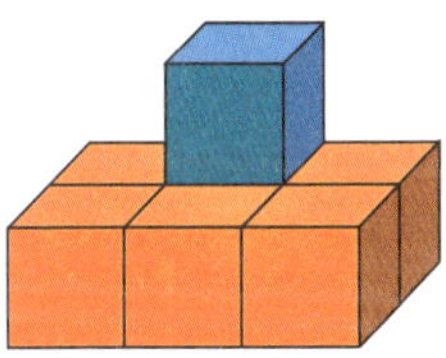

☐☐ Würfel

☐☐ Würfel

☐☐ Würfel

4

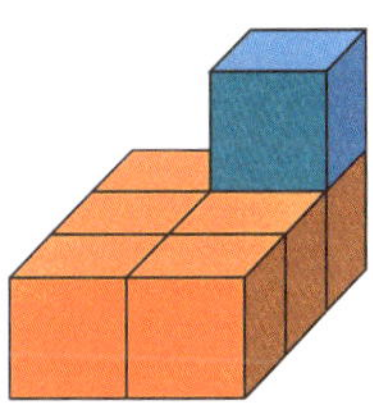

☐☐ Würfel

☐☐ Würfel

☐☐ Würfel

5 Baue immer mit 9 Würfeln.
Finde verschiedene Würfelbauten.

1 bis 4: Anzahlen der verwendeten Würfel durch Nachbauen bestimmen, verdeckte Würfel erkennen

Raumvorstellung

1 Wo sind die Kinder?

oben

links

rechts

neben

innen

außen

unten

2 Baut einen Spielplatz oder eine Stadt.
Stellt Spielfiguren auf. Beschreibt.

1: Standorte der Kinder beschreiben, Begriffe erläutern und verwenden
2: Bauwerke und Standorte der Spielfiguren beschreiben

ÜH S. 37

1 Beschreibt das Gebäude.

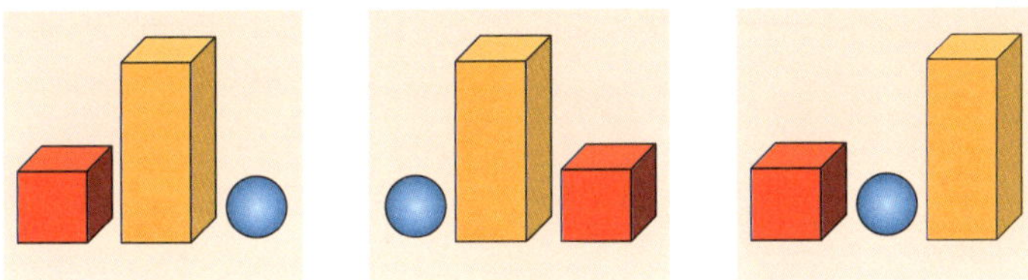

1 2 3

links

rechts

in der Mitte

2 Welches Bild passt zu den Gebäuden aus Aufgabe 1? Ordnet zu.

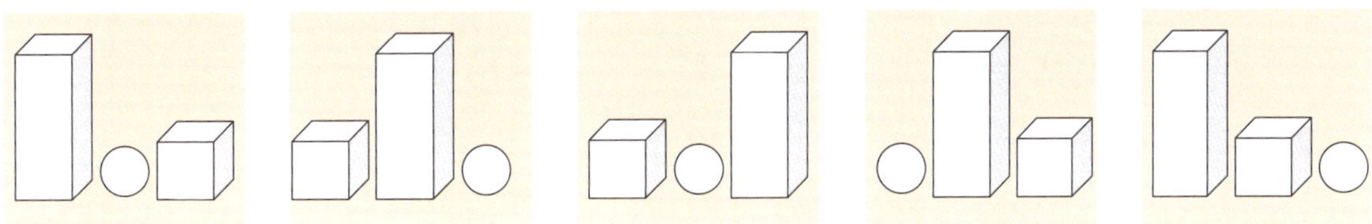

A B C D E

3 Wo befindet sich der blaue Würfel? Beschreibt.

vorn – hinten – oben – unten

1: Reihenfolge der Körper erkennen, beschreiben, Begriffe verwenden
2: Reihenfolge der Körper im Bild wiedererkennen
3: Lage des Würfels beschreiben

BIST DU FIT?

1 Wie viel Geld ist in jedem Sparschwein?

☐☐ €

☐☐ ct

☐☐ €

2

6 ct + 3 ct = ☐ ct	7 € – ☐ € = 4 €	☐ ct + 2 ct = 8 ct
4 ct – 4 ct = ☐ ct	1 € + ☐ € = 10 €	☐ ct – 7 ct = 2 ct
7 € + 0 € = ☐ €	3 ct + ☐ ct = 9 ct	☐ € + 5 € = 8 €
10 € – 6 € = ☐ €	4 ct – ☐ ct = 1 ct	☐ € – 8 € = 1 €

3 Wie viele Quader siehst du? Zähle.

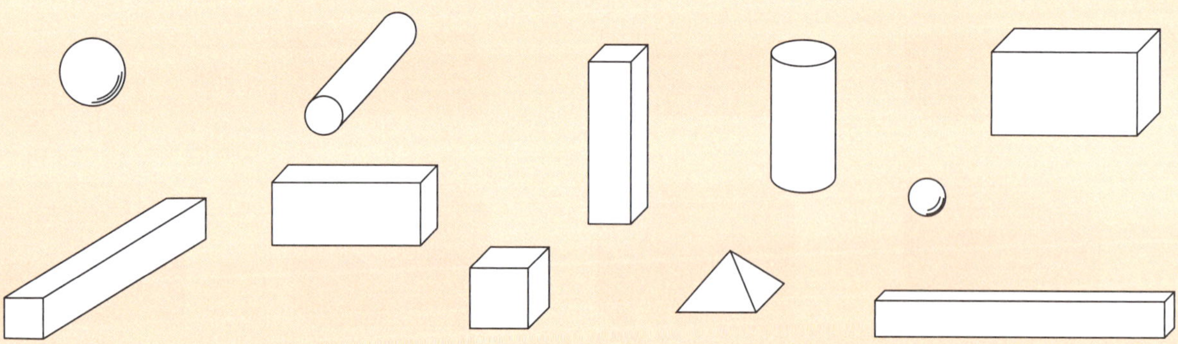

4 Wie viele Würfel sind es? Zähle.

☐☐ Würfel

☐☐ Würfel

Aufgaben als Rückmeldung über den Leistungsstand nutzen
KV 11 (HRU) nutzen

Körper in deiner Umwelt

1 Gestaltet eine Ausstellung.

2 Beschreibe einem anderen Kind einen Körper im Fühlbeutel.

3 Baue mit Würfeln 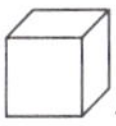, Quadern 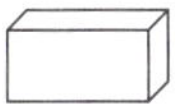 und Kugeln .
Ein anderes Kind baut nach.

1: Ausstellung im Klassenraum gestalten (Alltagsgegenstände, Zeichnungen, Fotos, digitale Werkzeuge)
2: Fühlen und Beschreiben von Körpern in einem Beutel, Körper nach Beschreibung identifizieren

MK

Die Zahlen von 11 bis 20

elf	zwölf	dreizehn	vierzehn	fünfzehn
11	12	13	14	15

 Bild beschreiben, dabei Lagebeziehungen wiederholen, zählen AH S. 39

1

10 + 5 = 15

10 + 7 = 17

2

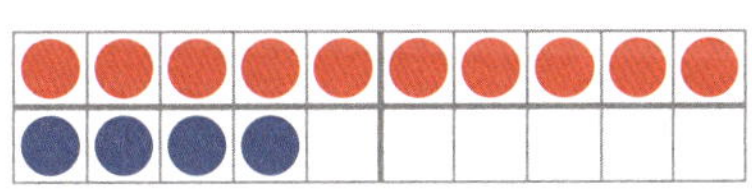

10 + ☐ = ☐☐

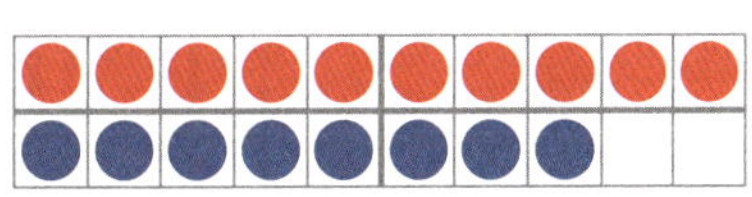

☐☐ + ☐ = ☐☐

3

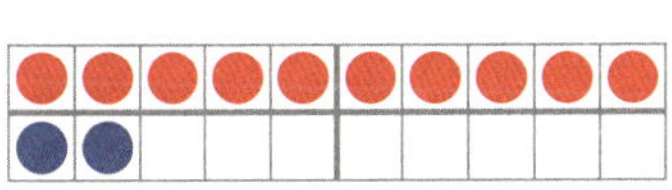

10 + ☐ = ☐☐

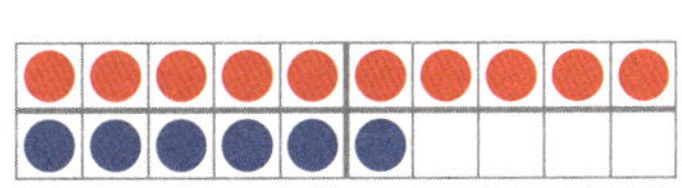

☐☐ + ☐ = ☐☐

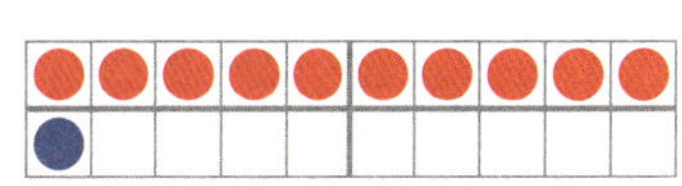

☐☐ + ☐ = ☐☐

1: Zum Bild erzählen: Anzahlen erfassen, Zahlen mit Zahlenkarten (Beilage) legen, Zahlwortbildung besprechen (zuerst die Einer, dann die Zehner sprechen) 2: Situation nachspielen und das Bündeln handelnd erarbeiten, Zehner und Einer mit Plättchen im Zwanzigerfeld (Beilage) darstellen

AH S. 39
ÜH S. 38

Zehner und Einer

1

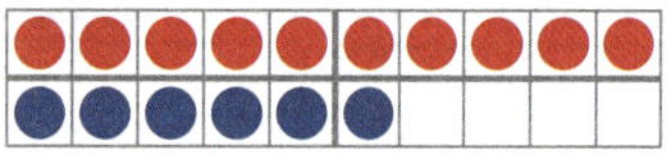

10 + 6 = 16

Zehner (Z)	Einer (E)
1	6

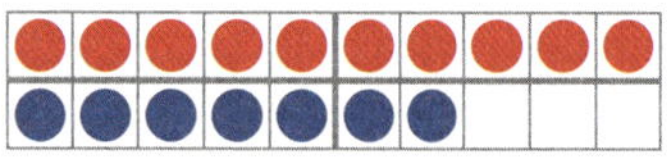

10 + __ = __ __

Z	E

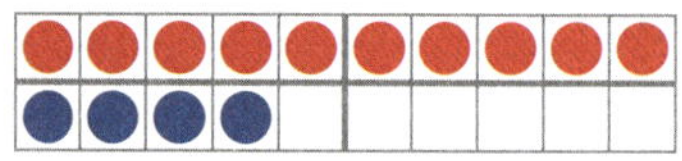

__ __ + __ = __ __

Z	E

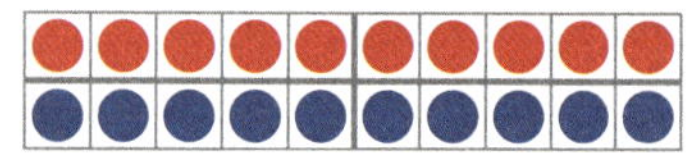

__ __ + __ __ = __ __

Z	E

2

Z	E
1	9

10 + __ = __ __

Z	E
1	3

__ __ + __ = __ __

Z	E
1	1

__ __ + __ = __ __

Z	E
1	2

__ __ + __ = __ __

Z	E
1	8

__ __ + __ = __ __

Z	E
1	5

__ __ + __ = __ __

3 Was gehört zusammen?

13

11

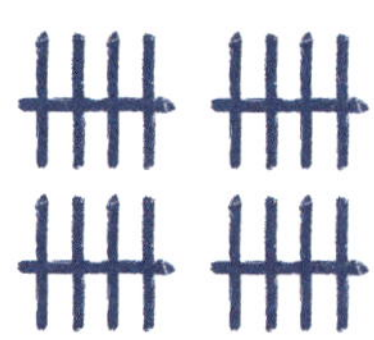

20

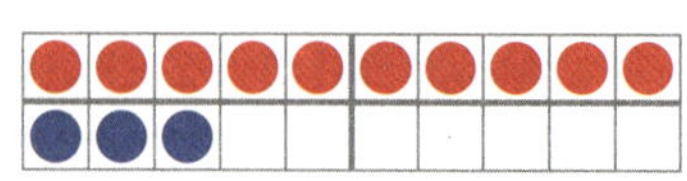

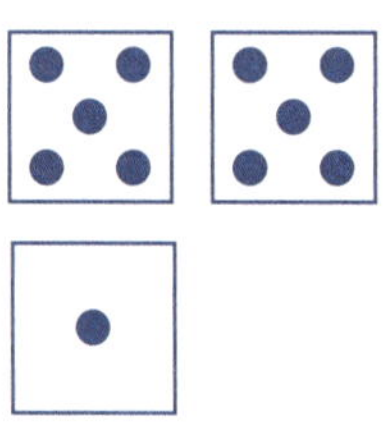

zwanzig

dreizehn

elf

1: Stellenwerttafel einführen, Darstellung der Aufgabe in die Stellenwerttafel übertragen
3: Zahlen von 10 bis 20 verschiedenen Zahldarstellungen zuordnen
Differenzierung: Zahldarstellungen zu weiteren Zahlen möglich

AH S. 40
ÜH S. 39

Orientieren in der Zwanzigertafel

1 Welche Zahlen sind versteckt?

1	2		4	5	6		8	9	10
11	12		14		16	17	18		

2

1	2	3 →	4 →	5 ↓	6	7	8	9	10
11	12	13	14	15 →	16	17	18	19	20

3 → 4 → ☐ ↓ ☐ → 16

6 → ☐ → ☐ ↓ ☐ → ☐

☐ ← ☐ ← 14 ↑ ☐ → ☐ → ☐

☐ ← ☐ ↓ ☐ ← ☐ ← 7 ↓ ☐

3 Welche Zahlen fehlen?

1	2	3	4

12	13	14

4	5	6		

3			6

11		

6				
	17			

1: Zwanzigertafel (Beilage) einführen und über die Anordnung der Zahlen sprechen
2: Sich den Pfeilen entsprechend auf der Zwanzigertafel bewegen

Vergleichen und Ordnen der Zahlen bis 20

1

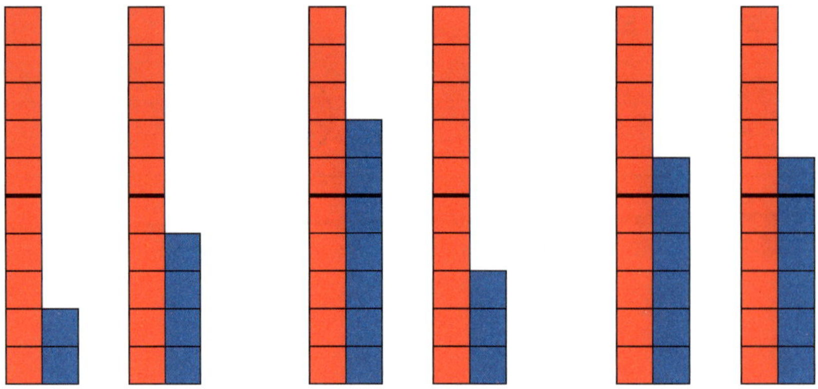

12 < 14 — weil 2 < 4

17 ○ □□ — weil 7 ○ □

□□ ○ □□ — weil □ ○ □

2

20 ○ 15	15 ○ 5	19 ○ 19	11 ○ 10
14 ○ 14	12 ○ 8	13 ○ 3	6 ○ 9
16 ○ 18	9 ○ 19	16 ○ 8	0 ○ 10
17 ○ 10	7 ○ 11	9 ○ 14	17 ○ 17

3

17 > □□	12 < □□
17 > □□	12 < □□
17 > □□	12 < □□
17 > □□	12 < □□

4

18 > □□	11 > □□
15 < □□	11 < □□
13 < □□	14 < □□
19 > □□	16 > □□

5 Ordne. Beginne mit der kleinsten Zahl.

16	10	12	17	13
E	T	I	R	G

6 Ordne. Beginne mit der größten Zahl.

17	10	11	19	14
A	E	Z	K	T

1: Bedeutung der Relationszeichen wiederholen 5 und 6: Zahlen der Größe nach ordnen und entsprechendem Buchstaben zuordnen, Lösungswort finden

AH S. 42
ÜH S. 41

Vorgänger und Nachfolger

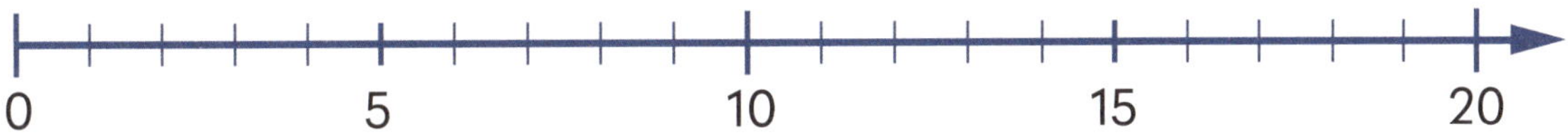

1 Zählt bis 20 und zurück.

2 Zeigt am Zahlenstrahl.

4 13 18 11 7 19 8

3 Zählt weiter.

2 4 6 … 3 6 9 …

4

5

V	Z	N
	14	
	17	
	16	

V	Z	N
17		
10		
18		

6

V	Z	N
		13
		16
		19

V	Z	N
		11
		20
		17

7 Welche Zahlen liegen zwischen 13 und 17?

Welche Zahlen liegen zwischen 11 und 16?

Welche Zahlen liegen zwischen 17 und 20?

8 Zwischen ☐☐ und ☐☐ liegen die Zahlen 13, 14 und 15.

1 bis 3: Zahlen am Zahlenstrahl (Beilage) zeigen
4: Begriffe „Vorgänger“ und „Nachfolger“ wiederholen

AH S. 43
ÜH S. 42

Gerade und ungerade Zahlen

1 Baue nach. Was fällt dir auf?

0	1	2	3	4	5			

2 Wie viele sind es?
Gerade Zahl oder ungerade Zahl?

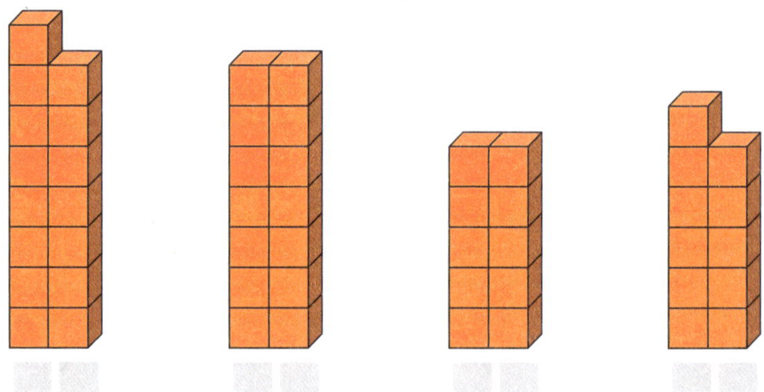

3 Entscheide, gerade Zahl oder ungerade Zahl? Begründe.

12 | 3 | 7 | 9

4

0	1	2	3	4	5	6	7	8	9	10	11	12	13	14	15	16	17	18	19	20

Schreibe die geraden Zahlen grün auf.
Schreibe die ungeraden Zahlen orange auf.

0		2				
1		3				

1: Türme nachbauen, erkennen, dass ungerade Zahlen mit einem einzelnen Stein enden, über die Darstellung mit dem Stift sprechen 3: Bei Bedarf Türme bauen

AH S. 44
ÜH S. 43

Addieren ohne Zehnerübergang

1

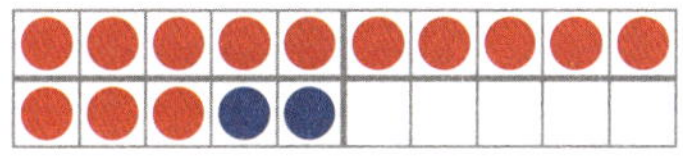

13 + 2 = 15

weil 3 + 2 = 5

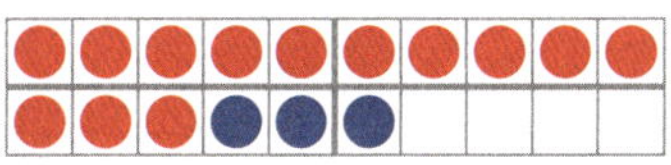

13 + 3 = __
weil 3 + 3 = __

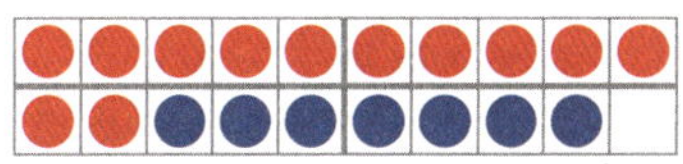

12 + 7 = __
weil 2 + 7 = __

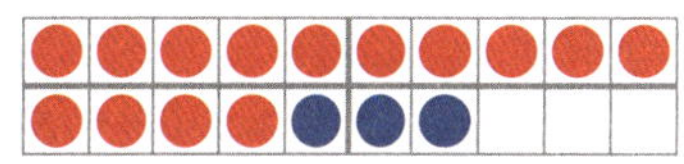

14 + 3 = __
weil 4 + 3 = __

2

7 + 2 = __	4 + 4 = __	6 + 1 = __
17 + 2 = __	14 + 4 = __	16 + 1 = __
3 + 6 = __	1 + 7 = __	5 + 4 = __
13 + __ = __	__ + __ = __	__ + __ = __

3

14 + 5 = __	11 + 2 = __	17 + 2 = __
10 + 4 = __	19 + 1 = __	12 + 5 = __
16 + 3 = __	12 + 3 = __	13 + 4 = __
13 + 2 = __	13 + 6 = __	12 + 8 = __

4

14 + __ = 16	11 + __ = 14	__ + 16 = 18	__ + 17 = 20
12 + __ = 20	13 + __ = 19	__ + 11 = 17	__ + 15 = 19

1: Von der kleinen, bekannten Aufgabe auf die neue Aufgabe schließen

AH S. 45
ÜH S. 44

Tauschaufgaben

1

6 + 11 =   11 + 6 =

2 Lege und rechne.

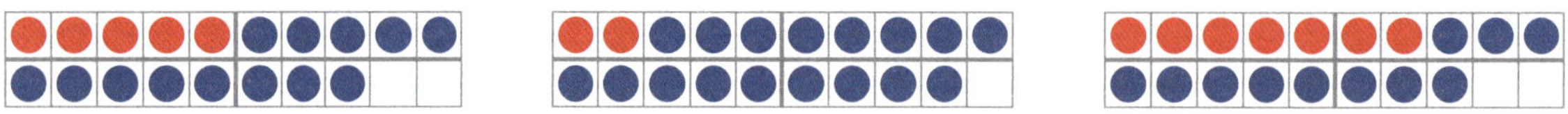

5 + 13 =   2 + 14 =   7 + 11 =

13 + 5 =   + =   + =

3 Rechne Aufgabe und Tauschaufgabe.

1 + 14 =   7 + 12 =

4 + 13 =   3 + 16 =

5 + 12 =   2 + 16 =

0 + 18 =   4 + 14 =

4

2 + 15 =   11 + 2 =   2 + 17 =

8 + 11 =   9 + 10 =   6 + 14 =

13 + 6 =   8 + 11 =   3 + 14 =

5 + 14 =   7 + 13 =   11 + 4 =

Begriff „Tauschaufgabe“ wiederholen
1 bis 3: Zusammenhang zwischen Aufgabe und Tauschaufgabe erkennen
4: Tauschaufgabe als Lösungshilfe anwenden

AH S. 46
ÜH S. 45

Addieren ohne Zehnerübergang – Übungen

1

13 + 6 =	8 + 12 =	4 + 16 =	0 + 13 =
12 + 5 =	14 + 0 =	7 + 12 =	8 + 12 =
11 + 4 =	4 + 15 =	6 + 12 =	2 + 15 =
11 + 9 =	12 + 6 =	3 + 14 =	5 + 14 =

2

+	3	5	6
12			
14			

+	3	4	2
13			
16			

3

+		3	
11	13		
15			20

4 Die Summanden sind 16 und 4.
Berechne die Summe.

5 Rechne. Was fällt dir auf?

12 + 0 =	3 + 11 =	7 + 12 =
12 + 1 =	4 + 11 =	6 + 12 =
12 + 2 =	5 + 11 =	5 + 12 =
12 + 3 =	6 + 11 =	4 + 12 =

1. Summand — 2. Summand — Summe

6

Zahlenmauern (unterste Reihe):

12 | 2 | 4

4 | 2 | 11

1 | 3 | 11

5: Muster erkennen und unter Verwendung der Fachbegriffe verbalisieren

Subtrahieren ohne Zehnerübergang

1

18 – 3 = 15

weil 8 – 3 = 5

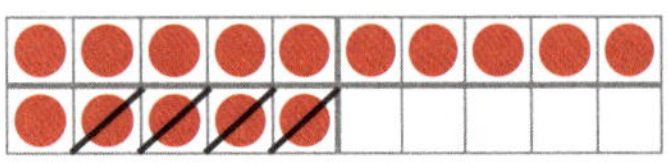

15 – 4 = ☐☐
weil 5 – 4 = ☐

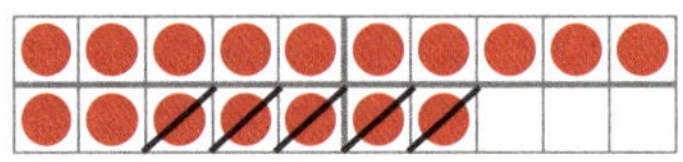

17 – 5 = ☐☐
weil 7 – 5 = ☐

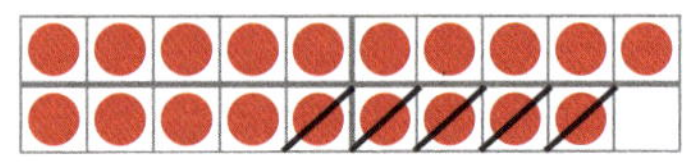

19 – 5 = ☐☐
weil 9 – 5 = ☐

2

8 – 4 = ☐	6 – 5 = ☐	4 – 2 = ☐
18 – 4 = ☐☐	16 – 5 = ☐☐	14 – 2 = ☐☐
6 – 3 = ☐	8 – 6 = ☐	9 – 8 = ☐
16 – ☐ = ☐☐	☐☐ – ☐ = ☐☐	☐☐ – ☐ = ☐☐

3

17 – 2 = ☐☐	17 – 6 = ☐☐	16 – 4 = ☐☐
14 – 3 = ☐☐	12 – 2 = ☐☐	18 – 5 = ☐☐
16 – 3 = ☐☐	15 – 4 = ☐☐	16 – 2 = ☐☐
13 – 3 = ☐☐	18 – 3 = ☐☐	19 – 6 = ☐☐

4

14 – ☐ = 12	17 – ☐ = 11	☐☐ – 4 = 15	☐☐ – 5 = 13
19 – ☐ = 16	20 – ☐ = 19	☐☐ – 8 = 12	☐☐ – 2 = 17

1: Von der kleinen, bekannten Aufgabe auf die neue Aufgabe schließen

AH S. 47
ÜH S. 46

Umkehraufgaben

1

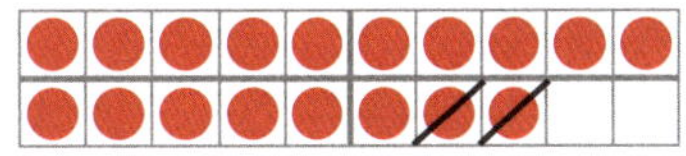

18 – 2 = ___

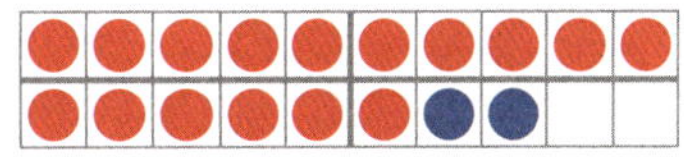

16 + 2 = ___

2 Lege und rechne.

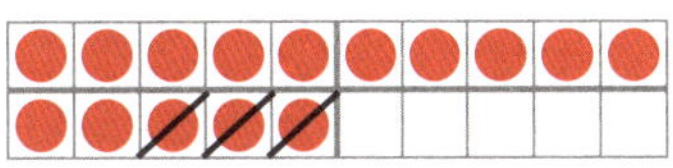

15 – 3 = ___
12 + 3 = ___

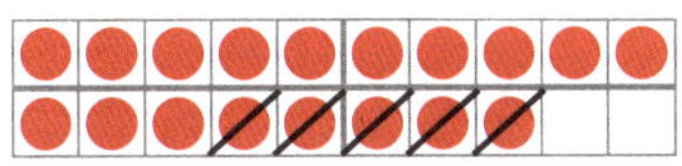

___ – ___ = ___
___ + ___ = ___

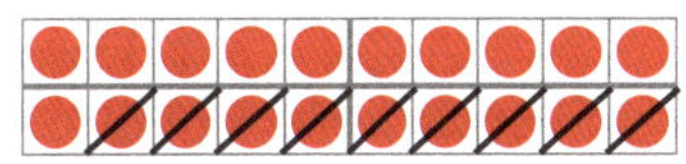

___ – ___ = ___
___ + ___ = ___

3 Rechne Aufgabe und Umkehraufgabe.

18 – 3 = ___	17 – 4 = ___	13 – 2 = ___
14 – 2 = ___	20 – 1 = ___	17 – 6 = ___
12 + 6 = ___	15 + 4 = ___	17 + 3 = ___
16 + 3 = ___	11 + 8 = ___	13 + 6 = ___

1	8	–	3	=	1	5
1	5	+	3	=	1	8

4 Rechne. Kontrolliere mit der Umkehraufgabe.

14 – 3 = ___	17 – 3 = ___
17 – 5 = ___	20 – 8 = ___
19 – 8 = ___	15 – 2 = ___
16 – 3 = ___	11 – 0 = ___

1: Addition und Subtraktion im Zwanzigerfeld (Beilage) darstellen, Zusammenhang zwischen Addition und Subtraktion wiederholen

Addieren und Subtrahieren ohne Zehnerübergang

1

3 + 14 = ___
5 + 12 = ___
6 + 10 = ___
4 + 14 = ___

13 − 2 = ___
17 − 3 = ___
18 − 6 = ___
18 − 0 = ___

2

3 + ___ = 17
5 + ___ = 17
6 + ___ = 16
4 + ___ = 18

___ − 2 = 11
___ − 3 = 12
___ − 2 = 18
___ − 0 = 14

3

+	3	5	6
14			
12			

−	3	4	2
16			
14			

4

−		3	
17	13		
15			14

5

16
10 + ___
12 + ___
14 + ___
16 + ___

18
___ + 1
___ + 4
___ + 7
___ + 8

6

15
12 + ___
___ + 4
10 + ___
___ + 1

14
___ + 4
12 + ___
14 + ___
___ + 1

7 Die Summanden sind 12 und 4. Berechne die Summe.

8 Berechne die Differenz aus 18 und 7.

9

Mila

Max

9: Differenzierung: Eigene Rätsel ausdenken

AH S. 49
ÜH S. 48

1

5 + 14 = __	14 − 2 = __	15 + 4 = __	16 − 6 = __
3 + 15 = __	19 − 3 = __	17 − 5 = __	11 + 6 = __
4 + 14 = __	16 − 5 = __	13 + 4 = __	16 + 4 = __
0 + 19 = __	19 − 7 = __	15 − 0 = __	12 − 2 = __

2

__ + 5 = 15	13 = __ − 6
__ + 3 = 14	18 = __ − 2
__ + 7 = 18	16 = __ + 3
__ + 5 = 20	15 = __ + 4

3

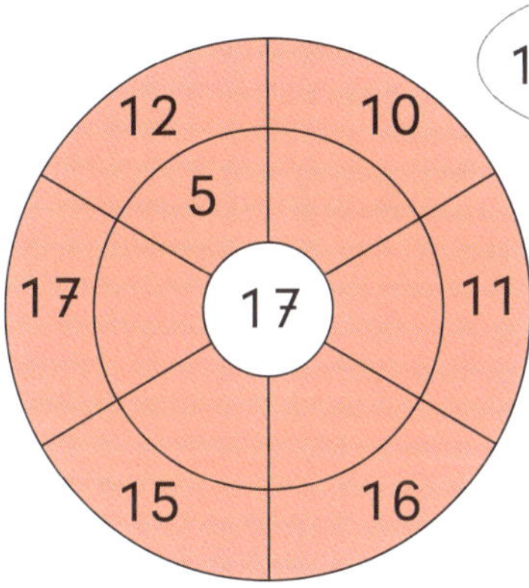

4

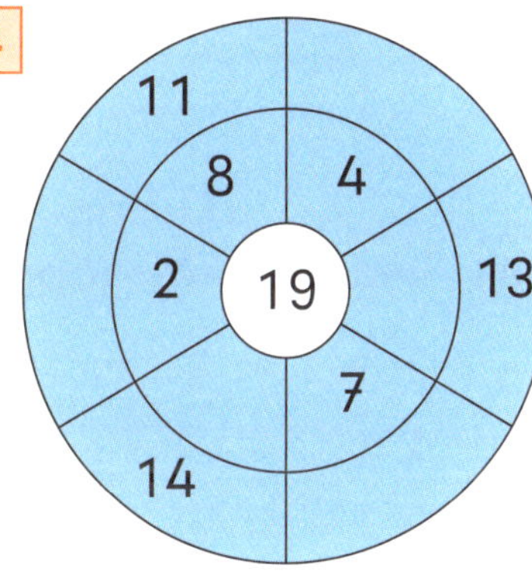

5 Rechne. Was fällt dir auf?

17 − 2 = __	18 − 2 = __	18 − 0 = __
17 − 3 = __	17 − 2 = __	18 − 2 = __
17 − 4 = __	16 − 2 = __	18 − 4 = __
17 − 5 = __	15 − 2 = __	18 − 6 = __

Minuend — Subtrahend — Differenz

5: Muster erkennen und unter Verwendung der Fachbegriffe verbalisieren

AH S. 50
ÜH S. 49

Verdoppeln

1

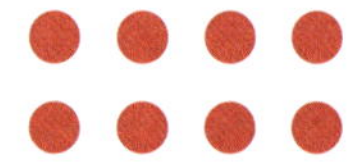

4 + 4 = __

2 Verdopple.

3 + 3 = __ __

5 + __ = __ __

__ + __ = __ __

3 Lege und verdopple.

1 + 1 = __ __
2 + 2 = __ __
3 + __ = __ __
4 + __ = __ __
5 + __ = __ __

Klara

6 + __ __ = __ __
7 + __ __ = __ __
8 + __ __ = __ __
9 + __ __ = __ __
10 + __ __ = __ __

4 Verdopple.

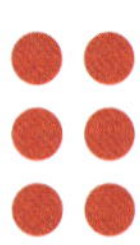

__ + __ = __ __

__ + __ = __ __

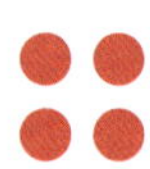

__ + __ = __ __

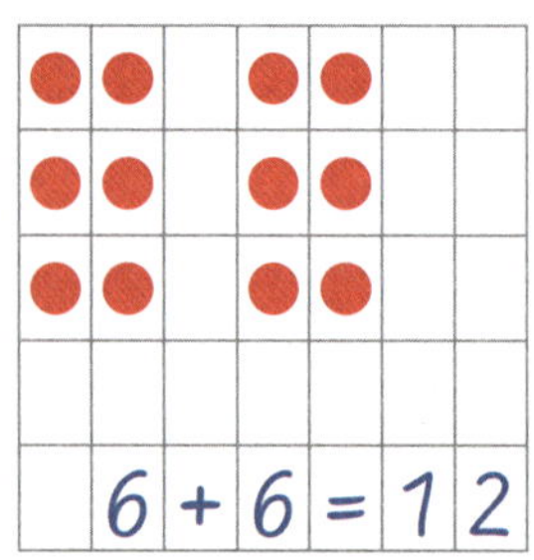

__ + __ = __ __

__ + __ = __ __

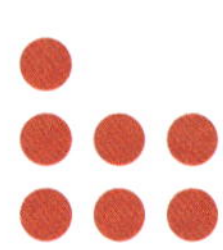

__ + __ = __ __

1: Situation nachspielen, Spiegel oder Plättchen (Beilage) nutzen;
Aufgabe als Addition mit zwei gleichen Summanden erfassen
Differenzierung: Eigene Verdopplungen legen

MK

AH S. 51
ÜH S. 50

Halbieren

1

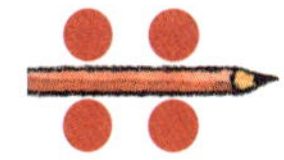

4 = 2 + ☐

2 Halbiere.

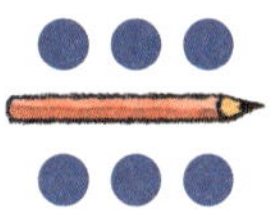

6 = 3 + ☐

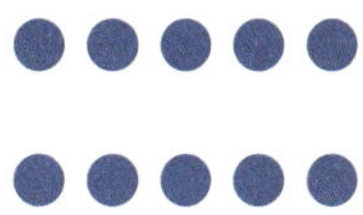

10 = ☐ + ☐

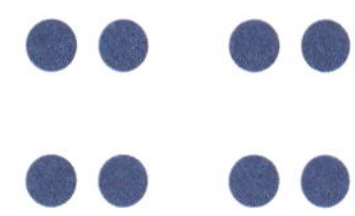

☐ = ☐ + ☐

3 Lege und halbiere.

Zahl	2	4	6	8	10	12	14	16	18	20
die Hälfte										

4 Lege und halbiere.

2 = 1 + ☐
4 = ☐ + ☐
18 = ☐ + ☐
10 = ☐ + ☐

20 = ☐☐ + ☐☐
6 = ☐ + ☐
14 = ☐ + ☐
16 = ☐ + ☐

5

1: Situation nachspielen, mit einem Stift vorgegebene Menge in zwei gleich große Mengen teilen (halbieren)
5: Situation nachspielen, verschiedene Möglichkeiten zulassen

AH S. 51
ÜH S. 50

Sachaufgaben – Gleichungen zuordnen

1 Welche Aufgabe passt zum Bild? Erzählt.

$8 + 1 =$

$5 + 3 =$

$8 - 2 =$

$5 - 3 =$

$4 - 2 =$

$6 + 2 =$

$4 + 2 =$

$9 - 3 =$

2 Welches Bild passt zur Aufgabe? Erzählt.

$8 - 3 =$

$4 + 3 + 2 =$

1: Passende Aufgabe zu dem Bild finden und begründen; Sachverhalt nacherzählen
2: Passendes Bild zur Aufgabe finden und begründen, warum das andere Bild nicht passt

AH S. 52
ÜH S. 51

Sachaufgaben – Fragen beantworten

1 Ich weiß:

Ich frage: Wie viele Kinder spielen zusammen?

Ich rechne: ___ ○ ___ = ___

Ich antworte: ___ Kinder spielen zusammen.

2 Ich weiß:

___ 

___ 

Ich frage: Wie viele Bälle sind es zusammen?

Ich rechne: ___ ○ ___ = ___

Ich antworte: ___ Bälle sind es zusammen.

3 Ich weiß:

___ Kinder sind im Wasser.

___ Kinder sind nicht im Wasser.

Ich frage: Wie viele Kinder sind im Freibad?

Ich rechne: ___ ○ ___ = ___

Ich antworte: ___ Kinder sind im Freibad.

1 bis 3: Zu den Bildern erzählen, aus den Bildern eine Fragestellung bilden, Rechnung daraus ableiten, Antwort formulieren

BIST DU FIT?

1

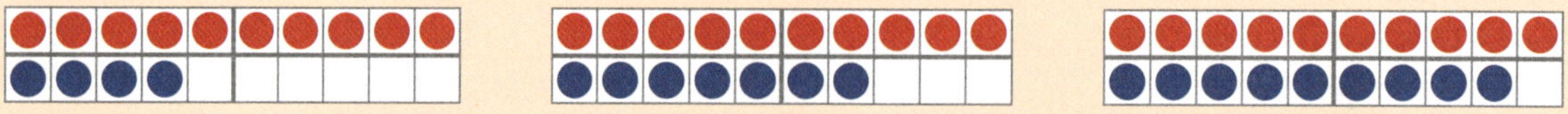

10 + ☐ = ☐☐ ☐☐ + ☐ = ☐☐ ☐☐ + ☐ = ☐☐

2

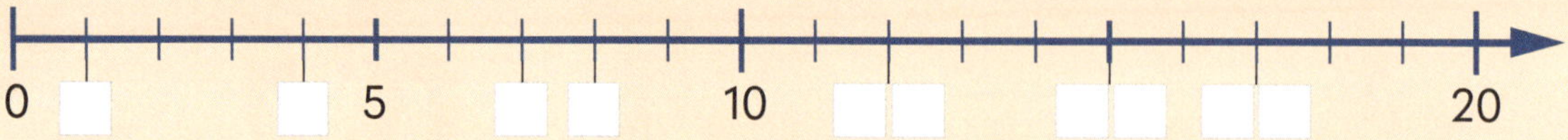

3

14 ◯ 10 10 ◯ 10
20 ◯ 16 8 ◯ 18
9 ◯ 11 19 ◯ 8
15 ◯ 15 12 ◯ 17

4

V	Z	N
	13	
	19	
		17

5 Ordne. Beginne mit der kleinsten Zahl.

18	2	11	6	15
R	S	P	U	E

6 Ordne. Beginne mit der größten Zahl.

17	4	16	1	12
P	M	R	A	I

7

14 + 6 = ☐☐ 20 − 8 = ☐☐ 15 + 3 = ☐☐ 15 − 0 = ☐☐
12 + 5 = ☐☐ 14 − 3 = ☐☐ 18 − 6 = ☐☐ 9 + 11 = ☐☐
3 + 13 = ☐☐ 17 − 7 = ☐☐ 14 + 3 = ☐☐ 19 − 8 = ☐☐

8

die Zahl	2	4	6	8	10
das Doppelte					

die Zahl	20	16	14	10	8
die Hälfte					

Aufgaben als Rückmeldung über den Leistungsstand nutzen
KV 11 (HRU) nutzen

PH S. 7 und 8

Zahlen in deiner Umwelt

1 Fotografiere Hausnummern in deiner Umgebung.

2 Wo wohnen Ben, Lisa und Amir?

3 Finde die fehlenden Hausnummern.

4 Lege ein Plättchen auf eine Hausnummer. Ein anderes Kind nennt die verdeckte Zahl.

5 Wo wohnen die Kinder?

6 Denke dir selbst solche Rätsel aus.

Geldwerte bis 20 Euro

1 Ordne.

2

☐☐ ct ☐☐ ct ☐☐ € ☐☐ €

3 Lege. Finde verschiedene Möglichkeiten.

14 ct 12 ct 19 ct 20 € 13 € 17 €

4 Lege mit so wenig Scheinen und Münzen wie möglich.

15 ct 18 ct 20 ct 11 € 19 € 16 €

5 Wer hat das meiste Geld gespart?

Amir

5 € + 5 € + 2 € = ☐☐ €

Lisa

☐☐ € + 2 € + 2 € = ☐☐ €

Mila

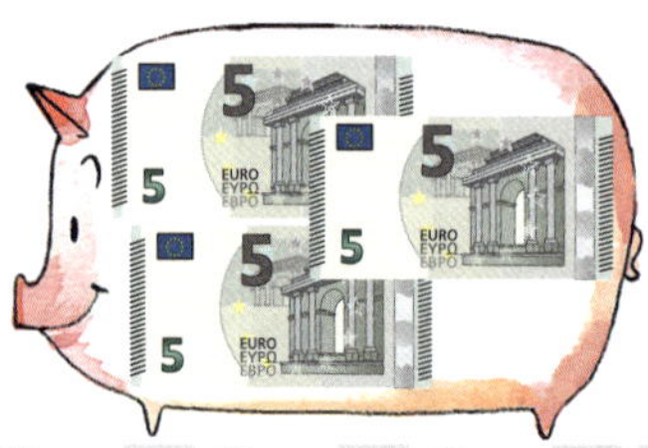

☐ € + ☐ € + ☐ € = ☐☐ €

Ben

☐☐ € + ☐ € + ☐ € = ☐☐ €

1: Münzen und Scheine benennen, neue Scheine identifizieren
2: Geldbeträge durch Nachlegen (Beilage) oder Rechnen ermitteln
3: Legen und verschiedene Möglichkeiten besprechen

AH S. 53
ÜH S. 52

1

Ich kaufe		Ich gebe	Ich bekomme zurück
	9 €		10 € – 9 € = ___ €
	8 €		___ € – ___ € = ___ €
	4 €		___ € – ___ € = ___ €
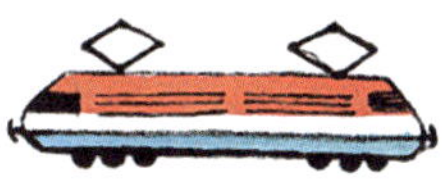	7 €		___ € – ___ € = ___ €

2 Richtig r oder falsch f ?

Lisa hat für 6 € eingekauft. Sie bezahlt mit .

Sie bekommt zurück:

3

8 € + 2 € = ___ € 12 ct + 6 ct = ___ ct 14 € – 3 € = ___ €

5 € + 4 € = ___ € 17 ct + 2 ct = ___ ct 19 € – 9 € = ___ €

11 € + 8 € = ___ € 20 ct – 7 ct = ___ ct 18 € – 5 € = ___ €

4

10 € + 3 € + 6 € = ___ €

20 € – 5 € – 3 € = ___ €

18 ct – 8 ct – 2 ct = ___ ct

5

___ € – 3 € – 2 € = 12 €

___ ct + 6 ct + 3 ct = 20 ct

1 8 € – ___ € – 4 € = 10 €

Als Hilfe Geld (Beilage) nutzen

1: Differenzierung: Verschiedene Möglichkeiten des Wechselgelds bestimmen

2: Differenzen berechnen, vergleichen und entscheiden

AH S. 54
ÜH S. 53

Dreieck, Viereck, Kreis

1

2 Sortiere.

Dreiecke | Vierecke | Kreise

MERKE DIR

Dreiecke Vierecke Kreise

Dreiecke, Vierecke und Kreise sind ebene Figuren.

3 Lege Bilder mit ebenen Figuren.

4 Lege nach.
Wie viele Dreiecke, Vierecke und Kreise sind es?

1: Ebene Figuren auf vielfältige Weise darstellen
2: Ebene Figuren (Beilage) wiedererkennen und sortieren
4: Figuren nachlegen und Anzahlen bestimmen

AH S. 55

1

2

3

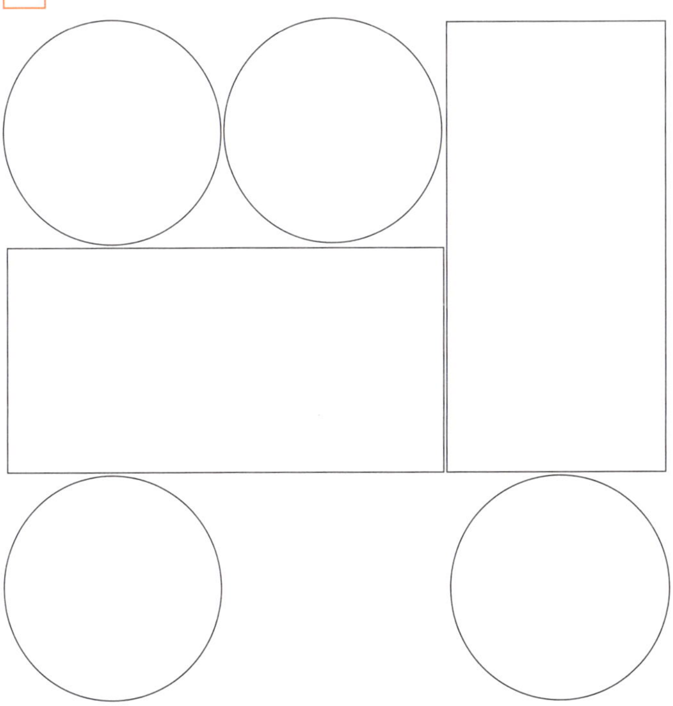

4

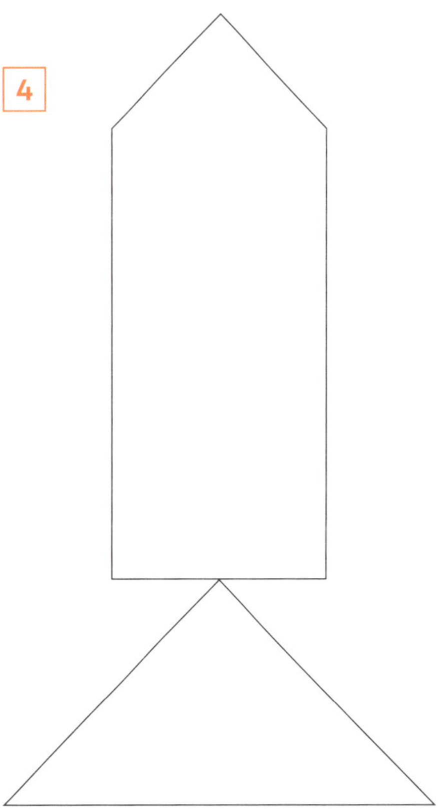

Figuren mithilfe des Materials (Beilage) auslegen

MK

Figuren legen

1 Lege nach. Zähle.

▲	■	▬

▲	■	▬	●

▲	●	▬

2 Legt.

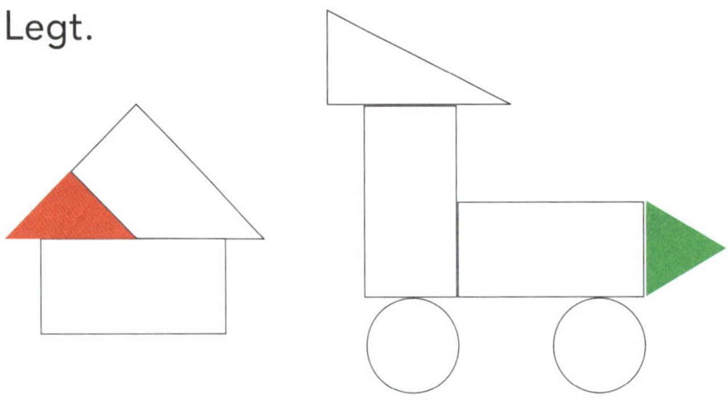

3 Lege mit diesen Figuren.

▲	■	▬
2	2	1

▲	■	▬	▲
2	1	1	3

◣	▬	▲	■
4	2	6	1

■	▬	●	◣
2	1	2	2

▬	▲	●	▲
3	4	4	2

1: Figuren (Beilage) legen und Anzahlen bestimmen
2: Über verschiedene (alle) Möglichkeiten sprechen
3: Figuren nach Vorgabe legen und vergleichen

AH S. 55 und 56
ÜH S. 54

1 Lege Dreiecke und Vierecke mit Stäbchen.

2 Lege Häuser, die aus Dreiecken und Vierecken bestehen.

3 Lege nach.

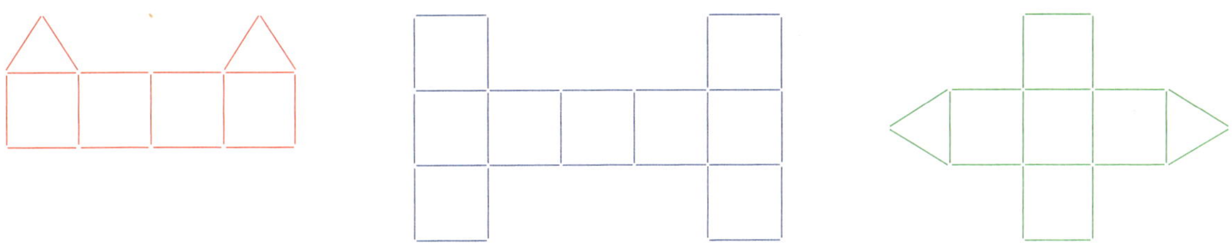

4 Lege die Muster und setze sie fort.

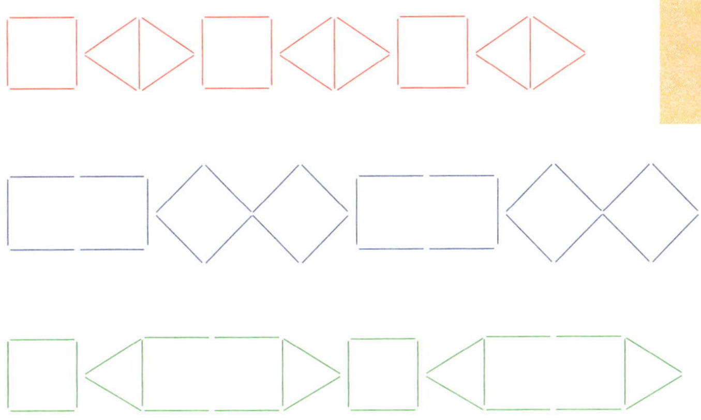

5 Erfinde selbst Muster.

1 bis 3: Figuren legen und nachlegen
4: Muster erkennen, nachlegen und fortsetzen

Falten

1 Falte ein Buch.

2 Falte aus dem Buch ein Taschentuch.

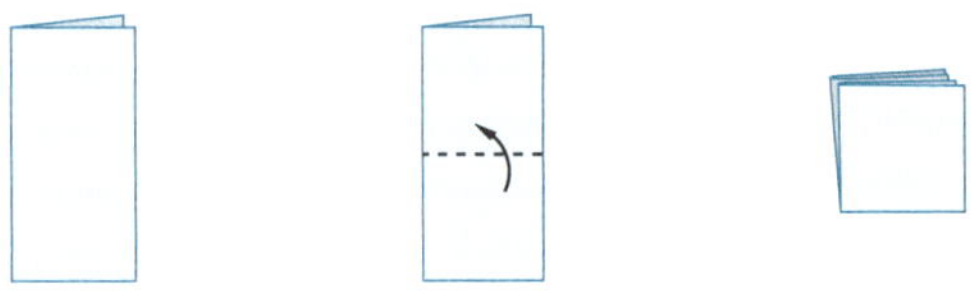

3 Falte aus dem Buch einen Schrank.

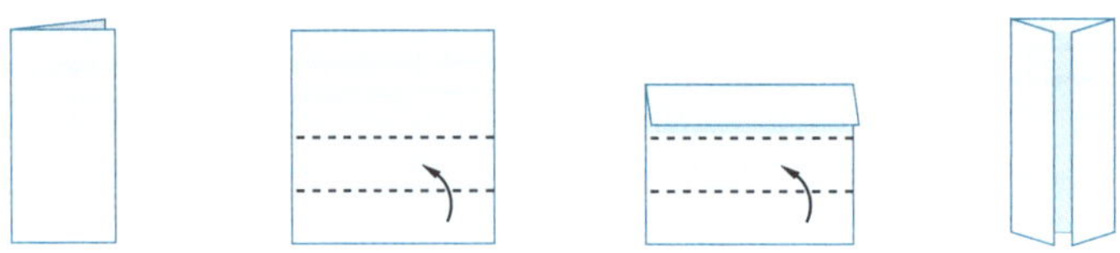

4 Falte ein Tuch.

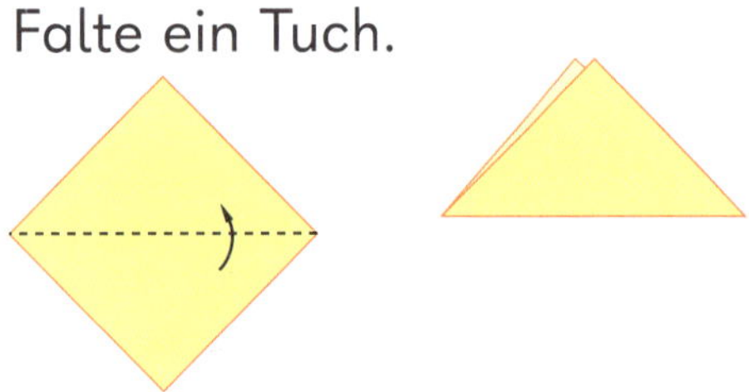

5 Falte aus dem Tuch einen Drachen.

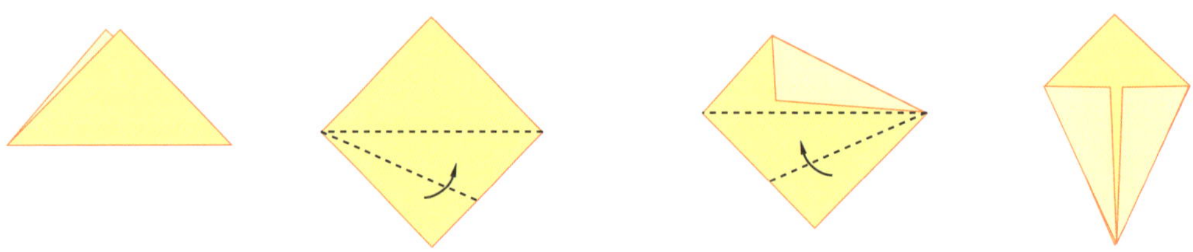

6 Falte eine Katze.

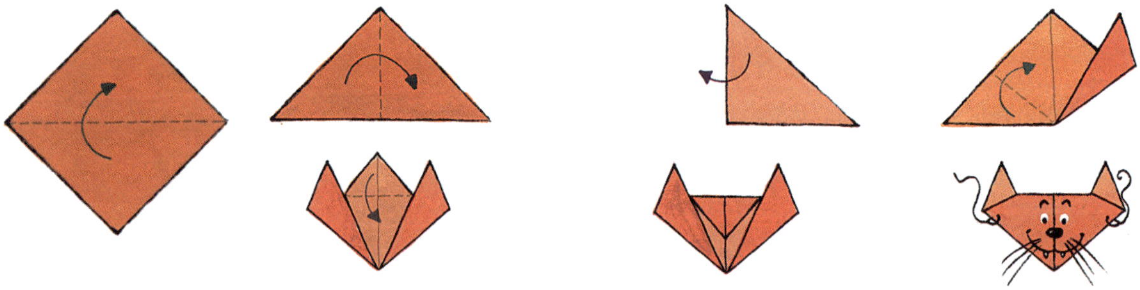

Figuren nach Schrittfolge falten, auf genaues Falten achten

Geobrett

1 Spanne verschiedene Figuren.

2 Spanne nach.

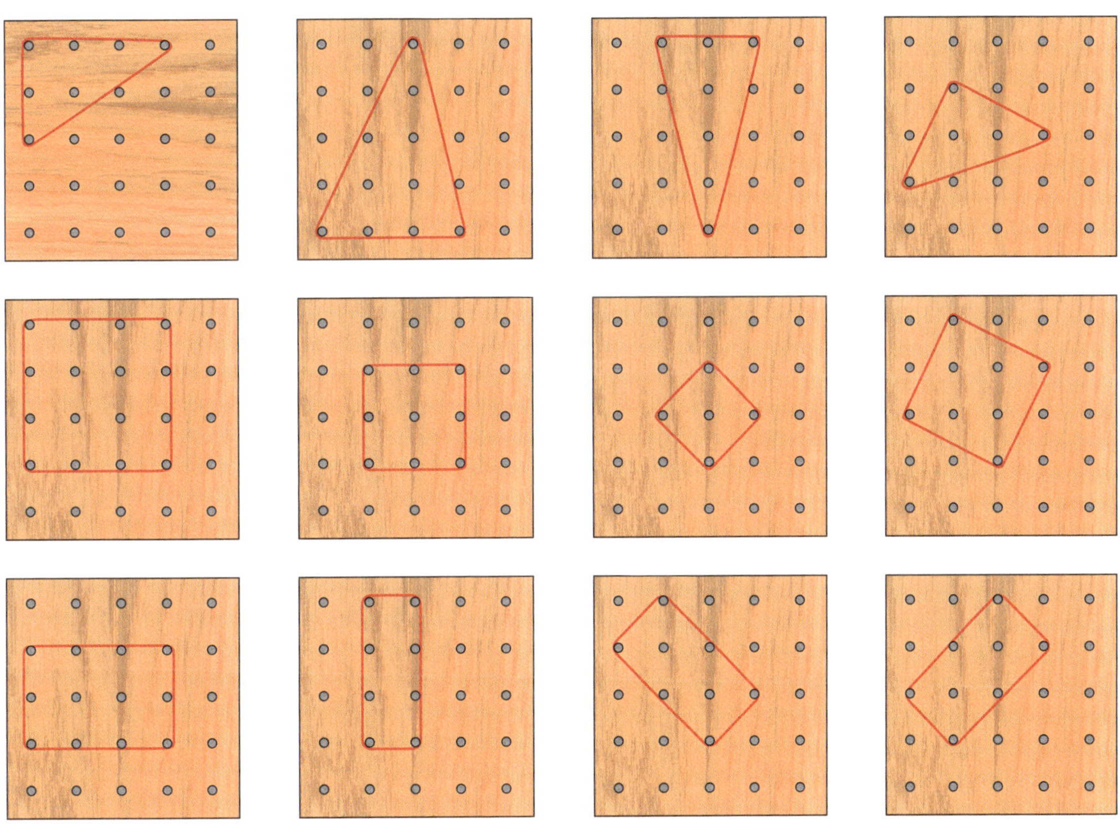

3 Spannt eine Figur.
Ein anderes Kind spannt die Figur nach.

1: Eigene Figuren spannen
2: Figuren erkennen und nachspannen

AH S. 56
ÜH S. 55

BIST DU FIT?

1 Wie viel Geld ist in jedem Sparschwein?

☐☐ € ☐☐ € ☐☐ €

2

4 € + 6 € = ☐☐ €	10 ct + ☐ ct = 15 ct	12 € + ☐ € = 20 €
3 € – 5 € = ☐☐ €	5 ct + ☐ ct = 10 ct	20 € – ☐ € = 14 €
15 € + 0 € = ☐☐ €	20 ct – ☐ ct = 11 ct	11 ct + ☐ ct = 18 ct
18 € – 7 € = ☐☐ €	17 ct – ☐ ct = 14 ct	16 ct – ☐ ct = 12 ct

3 Lege nach.
Zähle.

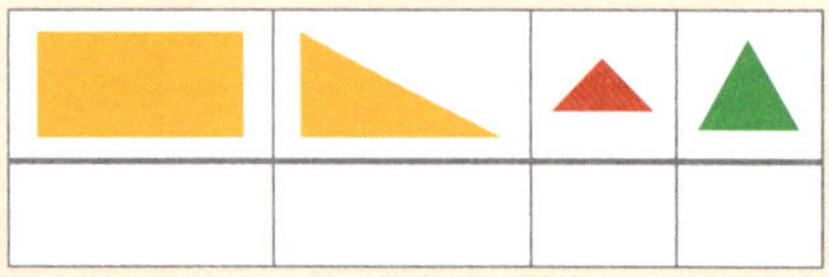

4 Wie viele △, □ und ○ sind es? Zähle.

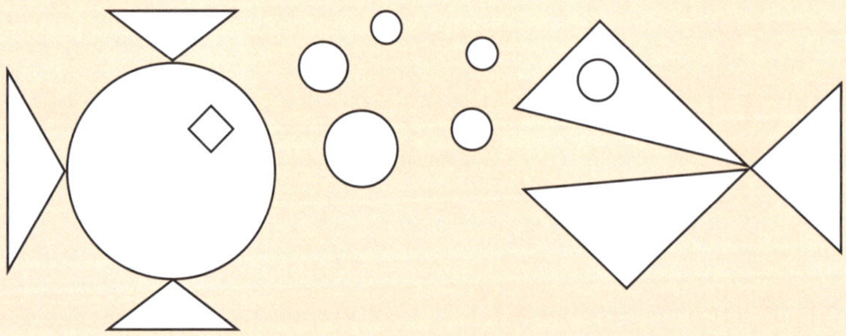

Aufgaben als Rückmeldung über den Leistungsstand nutzen
KV 11 (HRU) nutzen

PH S. 10 und 12

Muster und Strukturen

1 Gestaltet eine Ausstellung zu Mustern.

2 Legt zu zweit Muster aus Vierecken und Kreisen.

3 Lege ein Muster. Ein anderes Kind legt es nach.

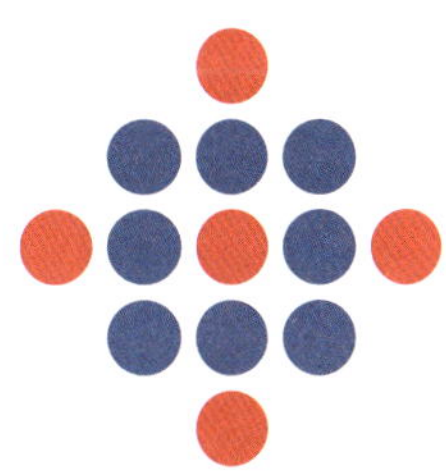

4 Male die Muster ab. Male weiter.

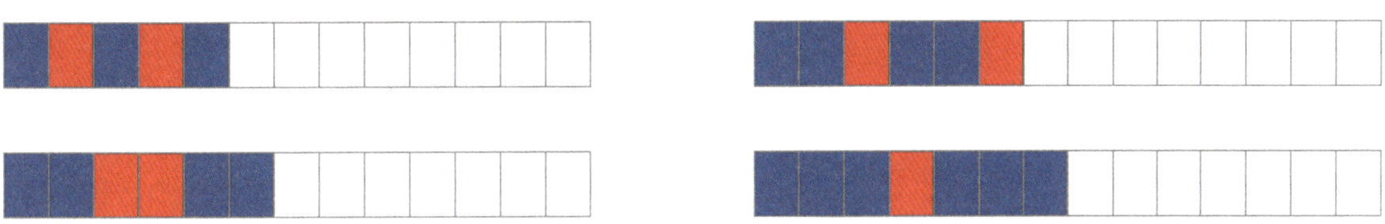

5 Erfinde eigene Muster.

1: Muster in der Umwelt finden und dokumentieren, Ausstellung gestalten, analog oder digital

MK

AH S. 57
ÜH S. 56

Ergänzen zur 10

1

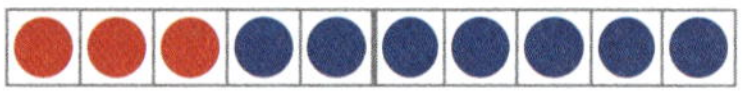

3 + 7 = 10

3

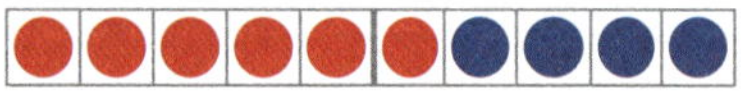

6 + ___ = 10

6

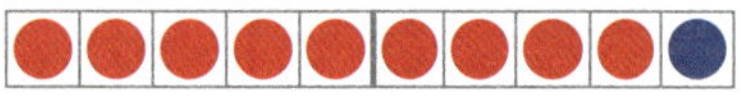

9 + ___ = 10

9

2 Finde die verliebten Zahlen.

8 6 1 4

7 5 10 2

8	+	2	=	1	0

3

10	
2	
	5
7	

10	
0	
	4
3	

10	
	1
8	
6	

4

3 + ___ = 10
9 + ___ = 10
2 + ___ = 10
0 + ___ = 10

1 + ___ = 10
4 + ___ = 10
5 + ___ = 10
7 + ___ = 10

___ + 2 = 10
___ + 0 = 10
___ + 4 = 10
___ + 3 = 10

5

10	
3	

10	
	6

10	
1	

1: Zahlzerlegungen zur 10 mit Plättchen (Beilage) legen
2 bis 5: Ergänzungen zur 10 finden

Addieren mit 10

1

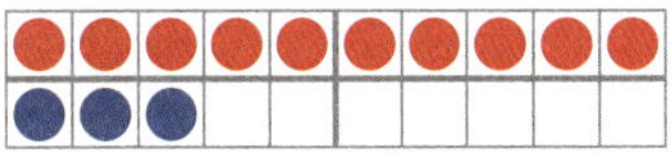

10 + 3 =

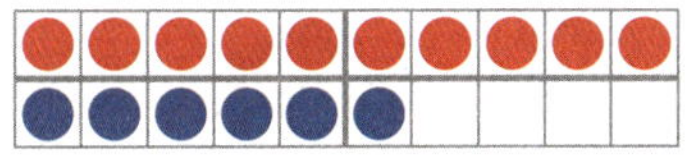

10 + 6 =

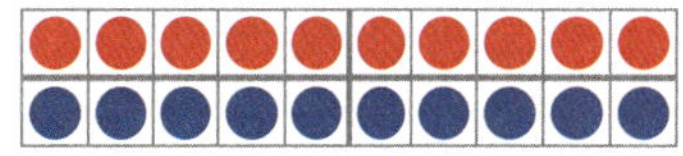

10 + 10 =

2

10 + 2 =
10 + 8 =
10 + 7 =

10 + 9 =
10 + 4 =
10 + 1 =

6 + 10 =
3 + 10 =
5 + 10 =

3

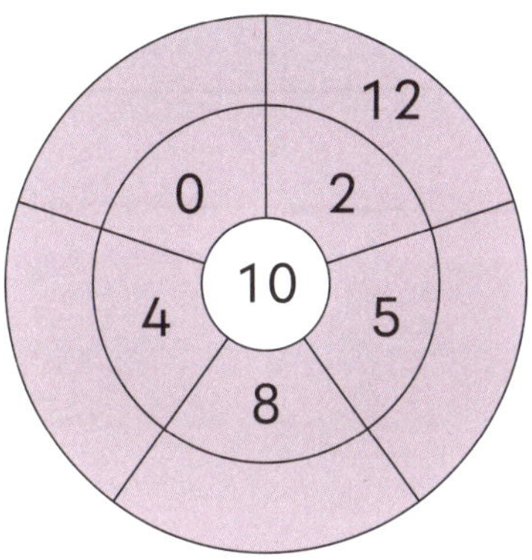

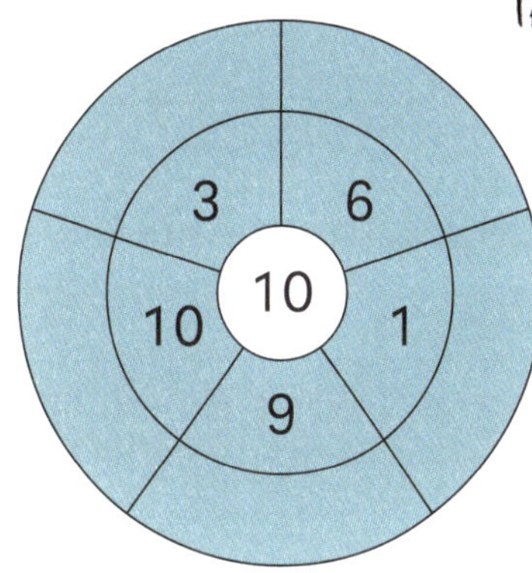

4

10 + = 14
10 + = 18
10 + = 11
10 + = 19

+ 10 = 17
+ 10 = 13
+ 10 = 16
+ 10 = 15

4 + = 14
5 + = 15
2 + = 12
10 + = 20

5

| |
10 | 7

| |
4 | 10

18
| |

| |
| |
8 | 2 | 3

| |
| |
6 | 4 | 5

20
| |
| | |

Addieren mit Zehnerübergang

1

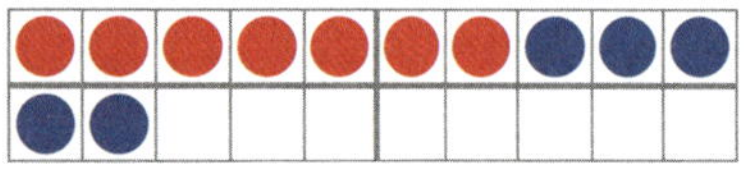

$7 + 5 = 12$

Max

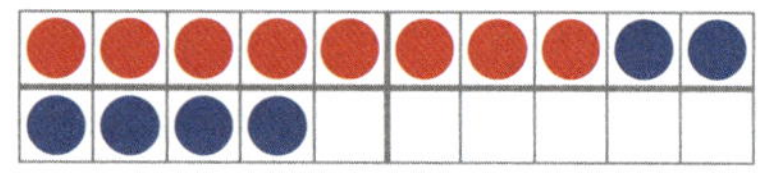

$8 + 6 =$ ▢▢

$7 + 5 = 12$

$7 + 3 = 10$
$10 + 2 = 12$

$8 + 6 =$ ▢▢

$8 + 2 = 10$
$10 + 4 =$ ▢▢

2 Lege und rechne.

$9 + 5 =$ ▢▢	$7 + 4 =$ ▢▢	$8 + 3 =$ ▢▢	$7 + 6 =$ ▢▢
$9 + 1 = 10$	$7 + 3 = 10$	$8 +$ ▢ $= 10$	$7 +$ ▢ $= 10$
$10 + 4 =$ ▢▢	$10 +$ ▢ $=$ ▢▢	$10 +$ ▢ $=$ ▢▢	$10 +$ ▢ $=$ ▢▢

3

$9 + 6 =$ ▢▢ $5 + 7 =$ ▢▢
$8 + 4 =$ ▢▢ $8 + 7 =$ ▢▢
$9 + 2 =$ ▢▢ $9 + 3 =$ ▢▢

$9 + 6 = 15$
$9 + 1 = 10$
$10 + 5 = 15$

4 Anna schreibt so. Erklärt.

$7 + 5 = 12$

$7 + 3 + 2 = 12$

5 Rechne. Schreibe wie Max oder Anna.

$6 + 5 =$ ▢▢	$8 + 9 =$ ▢▢	$9 + 4 =$ ▢▢	$8 + 8 =$ ▢▢
$4 + 8 =$ ▢▢	$7 + 9 =$ ▢▢	$3 + 9 =$ ▢▢	$7 + 4 =$ ▢▢
$7 + 8 =$ ▢▢	$8 + 5 =$ ▢▢	$9 + 8 =$ ▢▢	$6 + 8 =$ ▢▢

1: Zehnerübergang mit Ergänzung zum Zehner erarbeiten, legen und rechnen
2 und 3: Mit Plättchen und Zwanzigerfeld (Beilage) arbeiten
4: Annas Schreibweise erläutern, Schreibweise ist verkürzt

AH S. 58
ÜH S. 57

1 Mila und Amir rechnen so. Erklärt.

9 + 8 = ▢▢

2 Rechne wie Mila.

6 + 5 = ▢▢ 8 + 9 = ▢▢
7 + 6 = ▢▢ 7 + 8 = ▢▢
8 + 7 = ▢▢ 6 + 7 = ▢▢

11 13 13 15 15 17

3 Rechne wie Amir.

9 + 6 = ▢▢ 5 + 9 = ▢▢
7 + 9 = ▢▢ 8 + 9 = ▢▢
9 + 4 = ▢▢ 8 + 4 = ▢▢

12 13 14 15 16 17

4 Rechne mit deinem Weg.

9 + 6 = ▢▢ 4 + 9 = ▢▢ 6 + 7 = ▢▢ 8 + 5 = ▢▢
8 + 8 = ▢▢ 5 + 6 = ▢▢ 9 + 3 = ▢▢ 9 + 8 = ▢▢
9 + 5 = ▢▢ 9 + 7 = ▢▢ 7 + 8 = ▢▢ 3 + 8 = ▢▢

11 11 12 13 13 13 14 15 15 16 16 17

5 Finde das Lösungswort.

12	13	14	15	16	17
E	I	L	N	F	D

8	+	9	=	1	7		D
4	+	8	=				

8 + 9 = ▢▢ 9 + 5 = ▢▢ 7 + 6 = ▢▢
4 + 8 = ▢▢ 9 + 7 = ▢▢ 8 + 7 = ▢▢

1: Vorteile der Strategien an passenden Beispielen erläutern
2: Arbeiten mit Lösungszahlen erläutern

Subtrahieren mit Zehnerübergang

1

Lisa

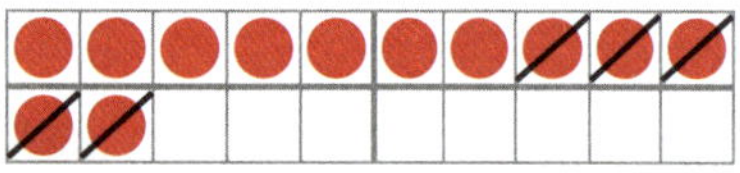

12 – 5 = 7

12 – 5 = 7
12 – 2 = 10
10 – 3 = 7

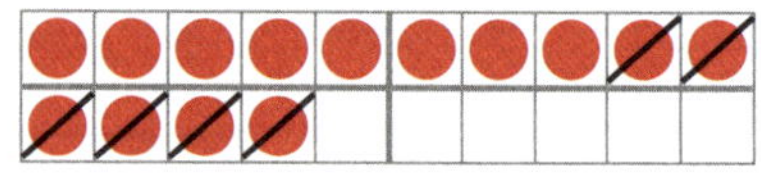

14 – 6 =

14 – 6 =
14 – 4 = 10
10 – 2 =

2 Lege und rechne.

15 – 8 =	13 – 7 =	16 – 9 =	12 – 4 =
15 – 5 = 10	13 – 3 = 10	16 – =	12 – =
10 – 3 =	10 – =	10 – =	10 – =

3

13 – 5 =	12 – 7 =
11 – 6 =	15 – 7 =
17 – 8 =	14 – 5 =

1	3	–	5	=		8
1	3	–	3	=	1	0
1	0	–	2	=		8

4 Ben schreibt so. Erklärt.

12 – 5 = 7
12 – 2 – 3 = 7

5 Rechne. Schreibe wie Lisa oder Ben.

15 – 9 =	13 – 6 =	17 – 9 =	12 – 6 =
16 – 8 =	16 – 7 =	13 – 8 =	14 – 8 =
11 – 5 =	15 – 8 =	15 – 6 =	13 – 4 =

1: Schrittweise Subtraktion mit Zerlegung des Subtrahenden erarbeiten, legen und rechnen
2 und 3: Mit Plättchen und Zwanzigerfeld (Beilage) arbeiten
4: Bens Schreibweise erläutern, Schreibweise ist verkürzt

AH S. 60
ÜH S. 59

1 Mila und Amir rechnen so. Erklärt.

17 − 9 = ___

2 Rechne wie Mila.

15 − 8 = ___	13 − 6 = ___
11 − 6 = ___	17 − 8 = ___
15 − 7 = ___	13 − 7 = ___

5 6 7 7 8 9

3 Rechne wie Amir.

14 − 9 = ___	16 − 9 = ___
15 − 9 = ___	15 − 8 = ___
13 − 9 = ___	17 − 8 = ___

4 5 6 7 7 9

4 Rechne mit deinem Weg.

11 − 7 = ___	17 − 9 = ___	14 − 5 = ___	11 − 5 = ___
12 − 5 = ___	13 − 5 = ___	16 − 9 = ___	12 − 9 = ___
15 − 6 = ___	16 − 7 = ___	12 − 7 = ___	14 − 7 = ___

3 4 5 6 7 7 7 8 8 9 9 9

5 Finde das Lösungswort.

4	5	6	7	8	9
D	A	E	P	R	G

16 − 7 = ___	15 − 8 = ___	15 − 7 = ___
13 − 7 = ___	14 − 9 = ___	13 − 9 = ___

1: Vorteile der Strategien an passenden Beispielen erläutern

Addieren und Subtrahieren mit Zehnerübergang

1 Findet verschiedene Rechenwege.

8 + 9 = ☐☐
5 + 8 = ☐☐
8 + 7 = ☐☐

16 − 9 = ☐
15 − 8 = ☐
13 − 7 = ☐

2 Rechne mit deinem Weg.

6 + 7 = ☐☐	6 + 9 = ☐☐	16 − 8 = ☐	13 − 5 = ☐
8 + 4 = ☐☐	5 + 7 = ☐☐	15 − 6 = ☐	16 − 7 = ☐
9 + 3 = ☐☐	8 + 3 = ☐☐	12 − 5 = ☐	17 − 9 = ☐
3 + 8 = ☐☐	7 + 7 = ☐☐	17 − 8 = ☐	14 − 8 = ☐

6 7 8 8 8 9 9 9 11 11 12 12 12 13 14 15

3

7 + ☐ = 13	15 − ☐ = 8	☐☐ + 8 = 15	7 + ☐ = ☐☐
5 + ☐ = 12	13 − ☐ = 7	☐☐ − 7 = 7	☐ + 5 = ☐☐
☐ + 9 = 17	☐☐ − 9 = 5	☐☐ + 6 = 11	☐☐ − 8 = ☐☐
☐ + 6 = 11	☐☐ − 7 = 5	☐☐ − 9 = 7	16 − ☐ = ☐☐

4

7 —(+ 8)→ ☐☐ 17 —(− 9)→ ☐
5 —(+ 6)→ ☐☐ 13 —(− 6)→ ☐

5

7 —(+ ☐)→ 13 16 —(− ☐)→ 9
5 —(+ ☐)→ 12 12 —(− ☐)→ 8

6

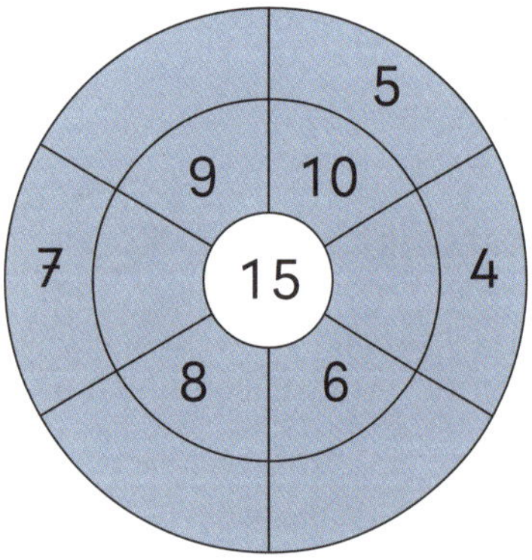

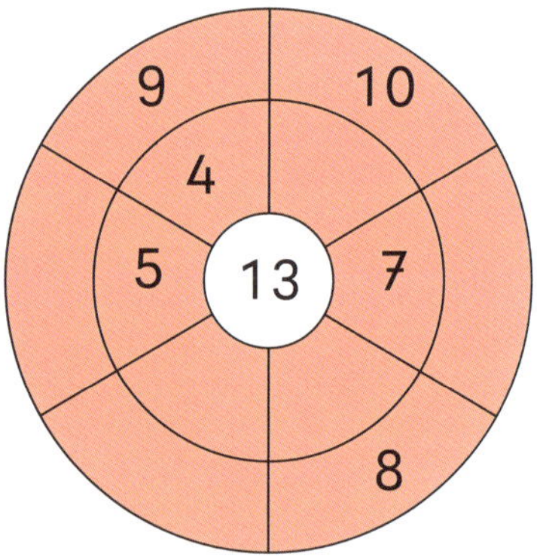

1: Verschiedene Rechenwege vergleichen
4: Bei der Kontrolle der Ergebnisse Gleichungen nennen

AH S. 62 und 63
ÜH S. 61 und 62

1 Bilde Aufgabenfamilien.

8 5 13 | 6 8 14 | 9 13 4

8, 5, 13

8 + 5 =
5 + 8 =
13 − 5 =
13 − 8 =

2 8 _ 15 | _ 9 17 | _ _ 16

3

	_	
_	9	
6	_	4

	17	
_	_	
_	4	5

	16	
9	_	
_	4	_

4 Finde mehrere Lösungen.

	20	
_	_	
_	_	_

	18	
_	_	
_	_	_

	15	
_	_	
_	_	_

5 Rechne. Was fällt dir auf?

6 + 4 =	4 + 9 =	16 − 5 =	14 − 5 =
6 + 5 =	4 + 10 =	16 − 6 =	15 − 5 =
6 + 6 =	4 + 11 =	16 − 7 =	16 − 5 =
6 + 7 =	4 + 12 =	16 − 8 =	17 − 5 =

6 Finde selbst solche Aufgaben.

5: Erst leichteste Aufgaben bestimmen, Entscheidung begründen lassen

Gleichungen und Ungleichungen

1

8 + 4 = 12　　　　12 ○ 12 – 5

2 Setze das richtige Zeichen ein: <, >, =.

8 + 5 ○ 20	17 – 8 ○ 7	14 ○ 9 + 5	5 ○ 14 – 8
7 + 9 ○ 13	13 – 5 ○ 8	16 ○ 7 + 8	10 ○ 18 – 9
6 + 5 ○ 11	16 – 9 ○ 6	15 ○ 9 + 6	6 ○ 14 – 7
4 + 8 ○ 15	12 – 6 ○ 6	12 ○ 5 + 7	8 ○ 15 – 6

3

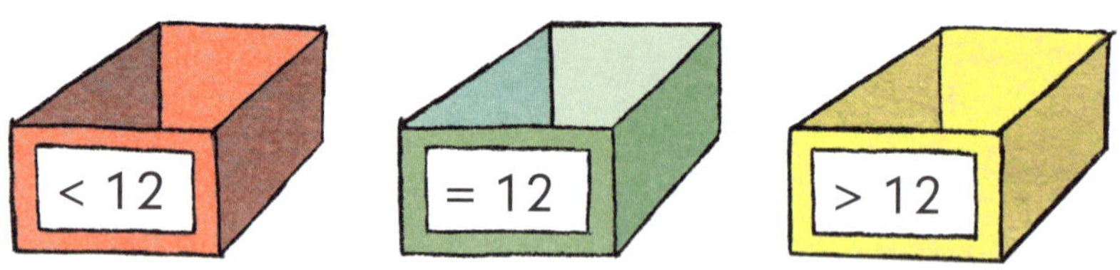

3 + 9	6 + 9	7 + 6	8 + 8	14 – 6	15 – 6
16 – 4	17 – 9	4 + 7	7 + 7	8 + 4	8 + 9

4 Richtig r oder falsch f ?

8 + 7 = 16 ○	16 – 9 = 8 ○	5 + 9 > 15 ○
6 + 8 > 15 ○	17 – 9 < 9 ○	12 – 4 < 9 ○
5 + 8 < 16 ○	13 – 4 < 10 ○	9 + 6 < 14 ○
7 + 6 > 10 ○	15 – 8 > 6 ○	14 – 6 = 7 ○

3: Differenzierung: Eigene Aufgaben für die Kisten schreiben
4: Falsche Zeichen korrigieren

AH S. 64
ÜH S. 63

1 Welche Zahl kannst du einsetzen?

$8 + \square < 20$	$16 - \square > 9$
$9 + \square < 17$	$14 - \square > 6$
$7 + \square < 20$	$18 - \square > 10$
$8 + \square < 16$	$12 - \square > 8$

2 Finde alle Lösungen.

$8 + \square < 12$	$13 - \square > 9$	$7 + \square < 12$	$11 - \square > 6$
$8 + \square < 12$	$13 - \square > 9$	$7 + \square < 12$	$11 - \square > 6$
$8 + \square < 12$	$13 - \square > 9$	$7 + \square < 12$	$11 - \square > 6$
$8 + \square < 12$	$13 - \square > 9$	$7 + \square < 12$	$11 - \square > 6$
		$7 + \square < 12$	$11 - \square > 6$

3 Finde alle Lösungen.

$9 + \square < 12$	$9 - \square > 6$
$6 + \square < 10$	$16 - \square > 13$
$8 + \square < 13$	$16 - \square > 12$
$7 + \square < 11$	$14 - \square > 9$

$9 + 0 < 12$
$9 + 1 < 12$
$9 + 2 < 12$

4 Setze das richtige Zeichen ein: $<$, $>$, $=$.

$7 + 8 \bigcirc 8 + 7$	$16 - 8 \bigcirc 18 - 9$	$6 + 6 \bigcirc 18 - 6$
$5 + 8 \bigcirc 5 + 4$	$14 - 9 \bigcirc 12 - 8$	$5 + 6 \bigcirc 16 - 7$
$6 + 7 \bigcirc 7 + 7$	$15 - 7 \bigcirc 17 - 6$	$6 + 7 \bigcirc 19 - 2$
$9 + 9 \bigcirc 2 + 2$	$14 - 7 \bigcirc 13 - 6$	$4 + 9 \bigcirc 19 - 9$

5

3: Alle Lösungen finden, auf Vollständigkeit prüfen, begründen

Zahlenfolgen und Muster

1 Wie geht es weiter? Zeichne und schreibe.

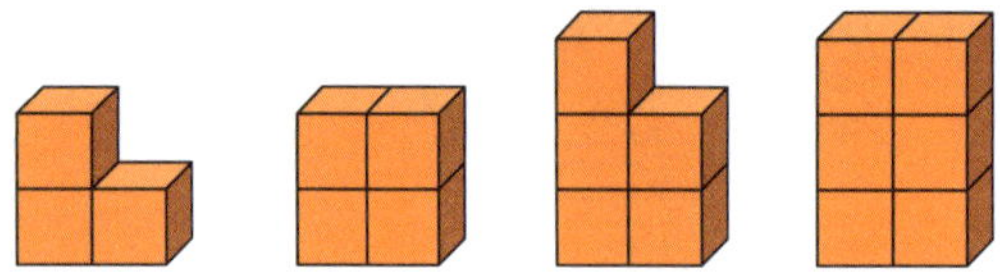

3 4 __ __ __ __ __

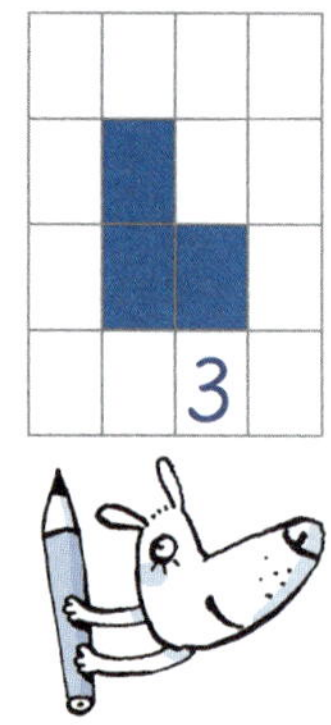

2 Immer 2 mehr.

2 4 6 __ __ __
12 14 __ __ __ __ __ __

1 3 5 __ __
11 13 __ __ __ __ __ __

3 Immer 2 weniger.

10 8 6 __ __
20 18 __ __ __ __ __ __

9 7 __ __ __
19 17 __ __ __ __ __ __

4 Wie geht es weiter? Finde die Regel.

0 4 8 __ __ __ __ __ __	Immer __ mehr.
20 16 12 __ __ __	Immer __ weniger.
0 3 6 __ __ __	Immer __ ________.
2 5 8 __ __ __ __ __ __	Immer __ ________.

5

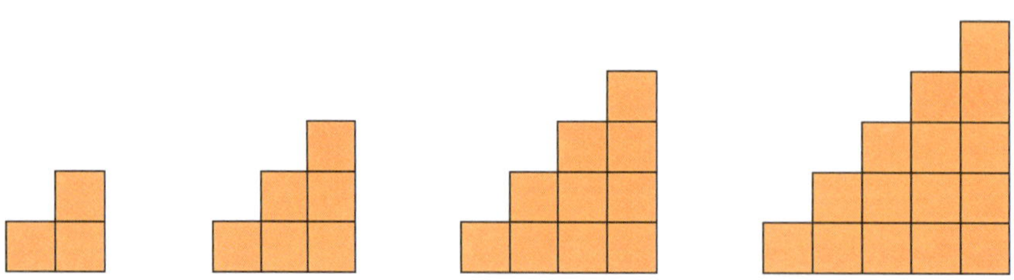

1: Beziehung zwischen Muster- und Zahlenfolge erkennen und bei Bedarf (weiter) bauen
2 und 3: Zahlenfolgen nach der vorgegebenen Regel bilden
5: Besonderheit des Musters erkennen, fortsetzen und Regel finden

AH S. 65
ÜH S. 64

Kombinieren

1 Lege und zeichne verschiedene Häuser.

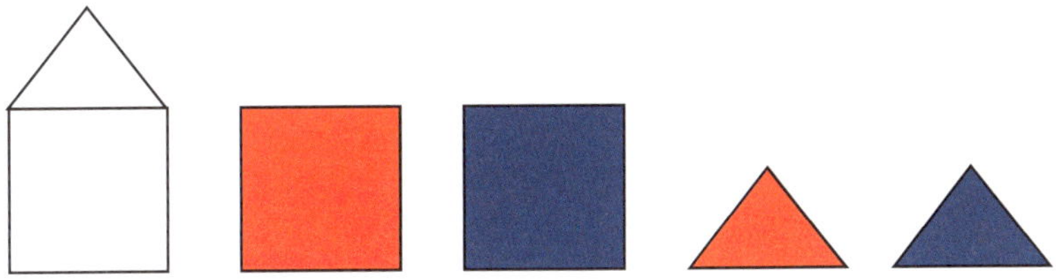

2 Finde verschiedene Möglichkeiten.

3

4 Finde alle Möglichkeiten.

Verschiedene Möglichkeiten legen (Beilage) oder in der Kopiervorlage notieren;
KV 14 und 15 (HRU) nutzen
Differenzierung: Alle Möglichkeiten finden und begründen

AH S. 66

BIST DU FIT?

1

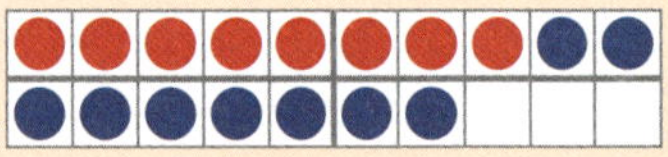

☐ + ☐ = ☐☐

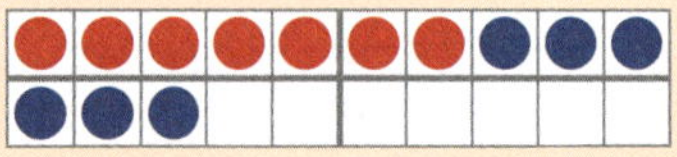

☐ + ☐ = ☐☐

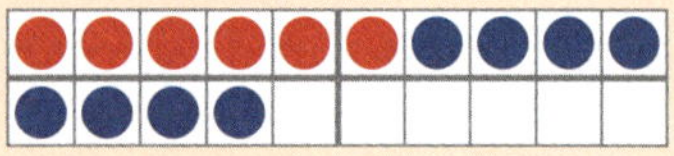

☐ + ☐ = ☐☐

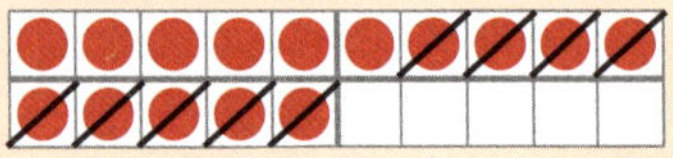

☐☐ – ☐ = ☐

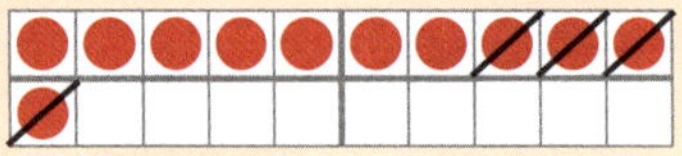

☐☐ – ☐ = ☐

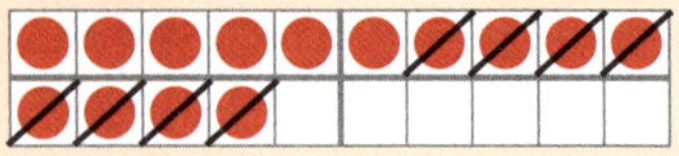

☐☐ – ☐ = ☐

2

8 + 5 = ☐☐	14 – 8 = ☐	8 + 4 = ☐☐	7 + ☐ = 14
3 + 9 = ☐☐	12 – 7 = ☐	5 + 9 = ☐☐	9 + ☐ = 16
7 + 8 = ☐☐	15 – 6 = ☐	14 – 6 = ☐☐	17 – ☐ = 9
9 + 5 = ☐☐	13 – 6 = ☐	16 – 8 = ☐☐	13 – ☐ = 7

3

Pyramid 1: top ☐; middle ☐ ☐; bottom 6 | 5 | 4

Pyramid 2: top ☐; middle 12 | ☐; bottom ☐ | 7 | 1

Pyramid 3: top 16; middle 9 | ☐; bottom ☐ | 3 | ☐

4 Bilde Aufgabenfamilien.

(7) (8) (15)   (9) (8) (17)   ( ) (6) (15)   ( ) ( ) (13)

5 Setze das richtige Zeichen ein: <, >, =.

9 + 5 ◯ 18	15 – 7 ◯ 8	17 ◯ 6 + 8
7 + 6 ◯ 13	12 – 9 ◯ 5	12 ◯ 5 + 7
5 + 8 ◯ 17	14 – 6 ◯ 8	7 ◯ 12 – 7
8 + 4 ◯ 15	16 – 8 ◯ 9	5 ◯ 16 – 9

Aufgaben als Rückmeldung über den Leistungsstand nutzen
KV 11 (HRU) nutzen

FREUNDESEITE

1 + 1 und 1 – 1 schnell gemerkt

1 Ein Kind zeigt eine Aufgabenkarte. Die Kinder legen auf ihrem Bingofeld ein Plättchen auf die Lösungszahl. Wer zuerst drei Plättchen nebeneinander hat, gewinnt.

7	13	9
17	12	6
5	8	15

13	7	17
6	15	9
12	8	5

5	15	8
17	13	6
9	12	7

9	12	7
8	5	17
13	6	15

16 – 9   10 – 5   8 + 7   12 – 3   13 – 7

6 + 6   14 – 6   5 + 8   9 + 8

2 Ziehe 3 Karten und bilde Aufgaben. Ein anderes Kind löst.

4   6   1

3

1: KV 16 und 17 (HRU) nutzen
2: Zahlenkarten (Beilage) nutzen

Schätzen und messen

1

2 Wie viele Schritte sind es?

	geschätzt	gemessen
Breite des Klassenraums		
Länge des Klassenraums		

3 Wie viel Fuß sind es?

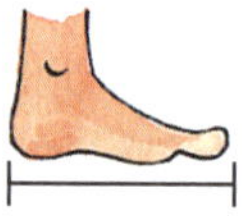

	geschätzt	gemessen
Breite der Tür		
Breite des Schrankes		

4 Wie viele Fingerspannen sind es?

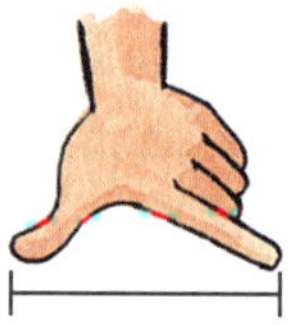

	geschätzt	gemessen
Breite des Tisches		
Länge der Fensterbank		

5 Wie viele Daumenbreiten sind es?

	geschätzt	gemessen
Breite des Mathehefts		
Breite der Federmappe		

6 Vergleicht eure Ergebnisse miteinander.
Was stellt ihr fest?

1: Möglichkeiten der Längenermittlung (Schwerpunkt Körpermaße) besprechen 2 bis 5: Messen mit Körpermaßen, Angabe der Schätz- und Messergebnisse 6: Durch unterschiedliche Messergebnisse mit Körpermaßen Notwendigkeit standardisierter Maßeinheiten erkennen und besprechen

Zentimeter

1

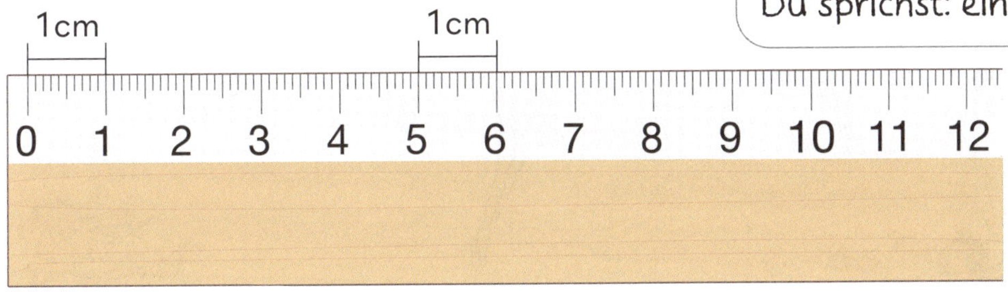

2 So kannst du messen. Erkläre.

Der Stift ist ___ cm lang.

3 Wie lang sind die Gegenstände? Vergleiche. Schätze und miss nach.

4 Miss die Längen von Gegenständen aus deiner Federtasche.
Was fällt dir auf?

1: Zentimeter mit Hilfe des Lineals einführen 2: Messvorgang erklären und durchführen
4: Gegenstände selbst aussuchen und messen lassen;
Erkenntnis gewinnen, dass Längen nicht immer zentimetergenau angegeben werden können

Gekrümmte und gerade Linien

1

2 Zeichne gekrümmte und gerade Linien.

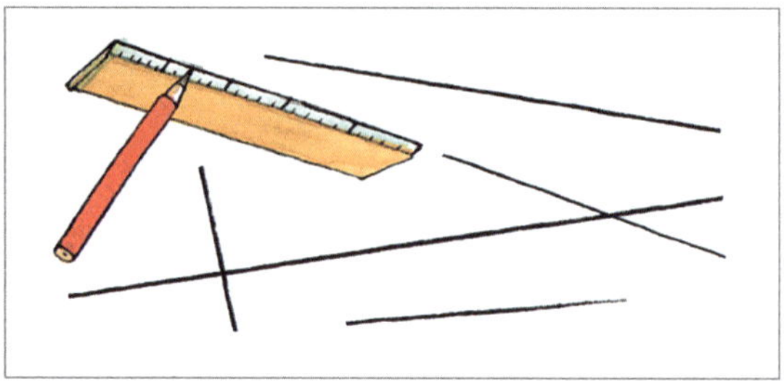

3 Zeichne mit Lineal.

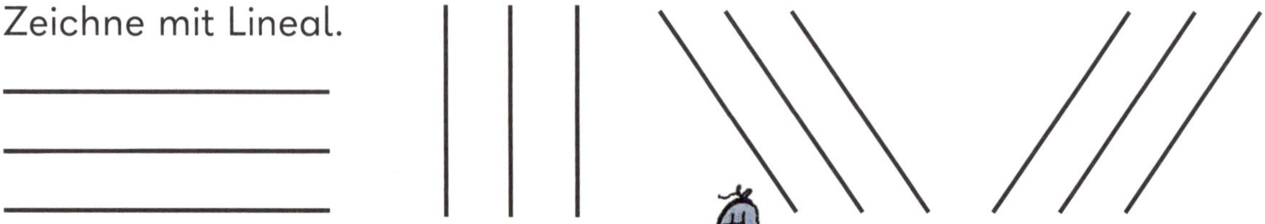

4 Zeichne.

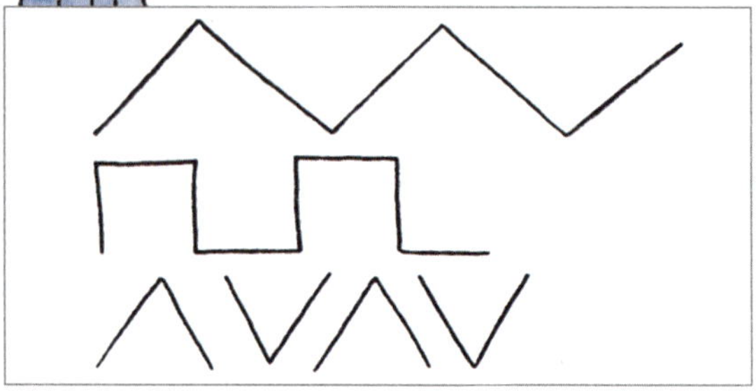

1: Zum Bild erzählen, gekrümmte und gerade Linien erkennen
2: Gekrümmte und gerade Linien erkennen und frei bzw. mit Lineal zeichnen
3 und 4: Linien erkennen und nachzeichnen, Begriff „Gerade“ kennenlernen

AH S. 67
ÜH S. 65

Geraden und Punkte

1

MERKE DIR

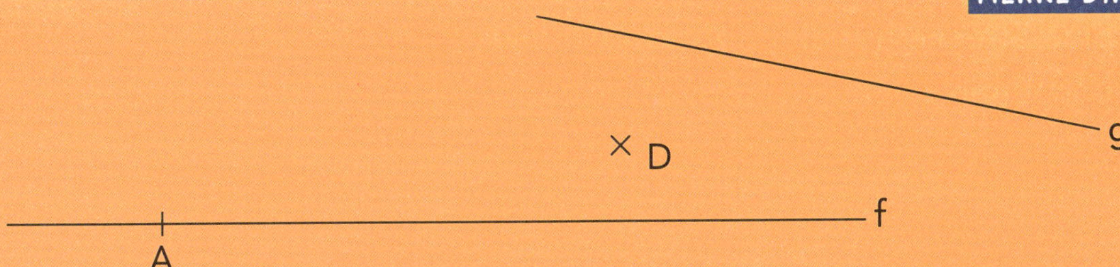

Geraden werden mit **kleinen Buchstaben** bezeichnet.
Punkte werden mit **großen Buchstaben** bezeichnet.

2 Zeichne Geraden und Punkte. Bezeichne.

3 Wo liegen die Punkte? Beschreibt.

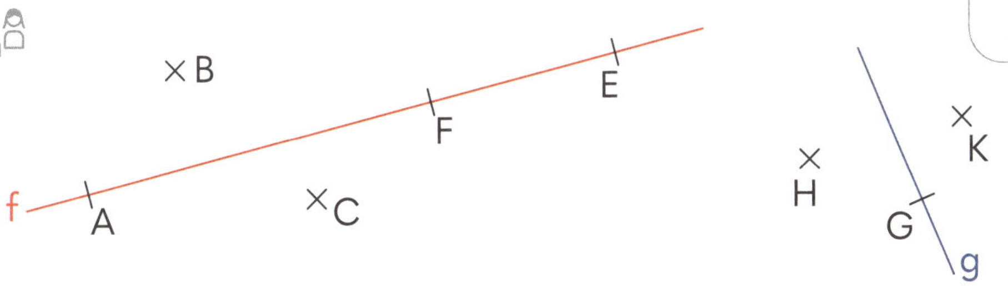

4 Zeichne eine Gerade g. Lege auf der Geraden g den Punkt P fest.
Zeichne einen Punkt R, der nicht auf der Geraden g liegt.

5 Stellt euch ähnliche Aufgaben.

1: Zum Bild erzählen, Begriff „Punkt“ einführen
3: Lage der Punkte zur Geraden beschreiben – Begriffe „auf der Geraden“, „nicht auf der Geraden“ verwenden

Strecken

1

MERKE DIR

Eine Strecke hat einen Anfangspunkt und einen Endpunkt.

A B

Strecke $\overline{AB}$

2 Vergleiche die Längen der Strecken.

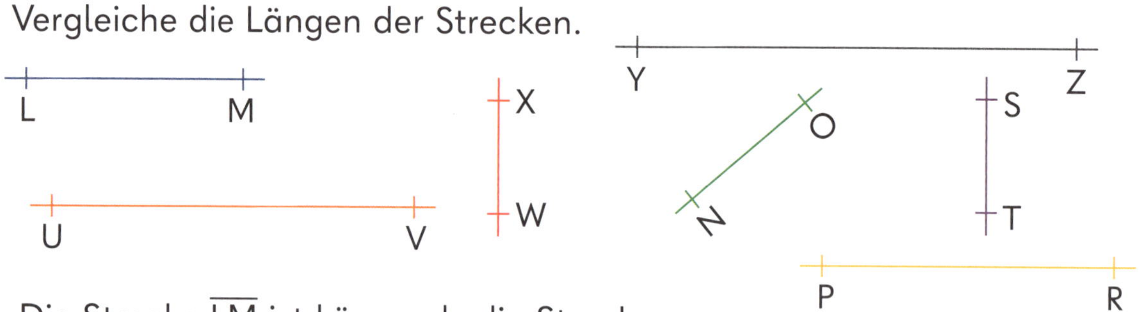

Die Strecke $\overline{LM}$ ist kürzer als die Strecke ____ .

Die Strecke ____ ist länger als die Strecke ____ .

Die Strecke ____ und die Strecke ____ sind gleich lang.

3 Miss die Strecken.

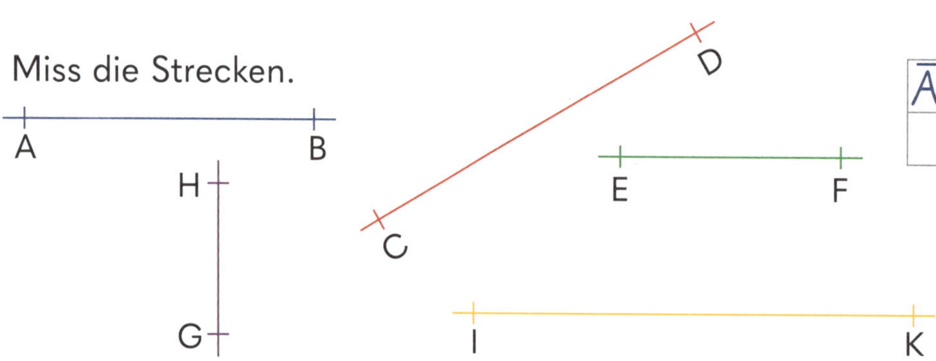

$\overline{AB}$	=	4	cm

1: Begriff Strecke einführen, messen mit dem Lineal wiederholen
2: Längen der Strecken vergleichen, „ist kürzer als“, „ist länger als“, „sind gleich lang“ verwenden

AH S. 68 und 69
ÜH S. 66 und 67

1 Max zeichnet die Strecke $\overline{AB}$. Erklärt.

Zeichne eine Gerade g.
Trage auf g den Punkt A an.

Lege das Lineal mit der 0
am Punkt A an.

Miss 4 cm ab und trage
den Punkt B an.

Schreibe $\overline{AB}$ = 4 cm.

2 Zeichne Strecken. Ein anderes Kind misst nach.
$\overline{AB}$ = 4 cm $\overline{EF}$ = 6 cm $\overline{IK}$ = 2 cm $\overline{NR}$ = 8 cm
Zeichne Strecken, die doppelt so lang sind.
Zeichne Strecken, die halb so lang sind.

3 Wie weit fliegt die Biene? Miss.

4 Zeichnet ein Bild mit Strecken.
Ein anderes Kind misst die Länge der Strecken.

1: Schrittfolge für das Zeichnen von Strecken besprechen
4: Auf geradzahlige Zentimeterangaben achten

AH S. 68 und 69
ÜH S. 66 und 67

BIST DU FIT?

1 Miss die Länge der Buntstifte.

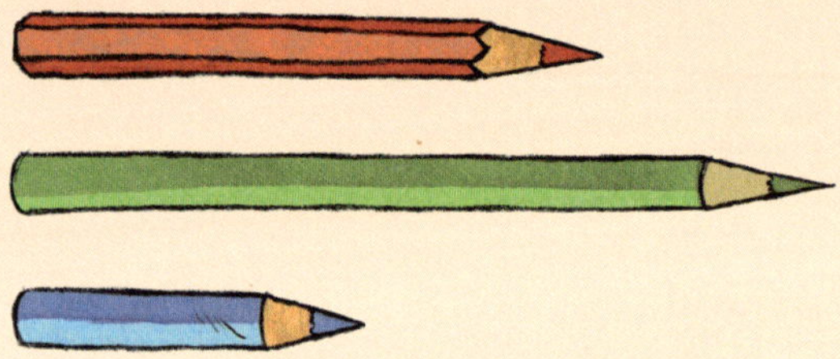

☐ cm

☐ cm

☐ cm

2 Zeichne drei Geraden.
Zeichne die Punkte A, B und C, die nicht auf den Geraden liegen.
Lege die Punkte M, N und O fest, die auf einer Geraden liegen.

3 Vergleiche die Längen der Strecken.

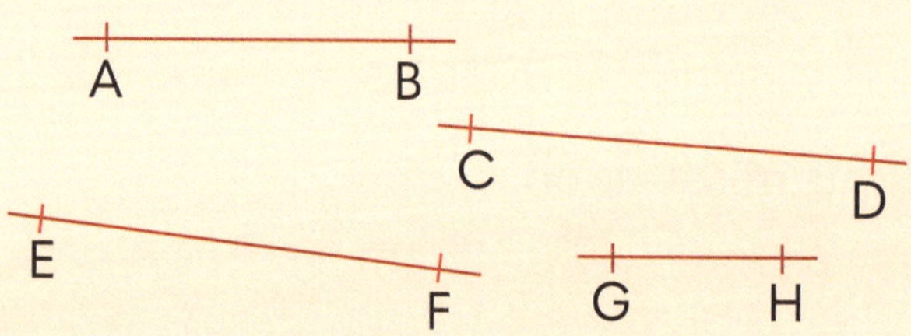

$\overline{CD}$ ist länger als ____ .
____ und ____ sind gleich lang.
____ ist kürzer als ____ .

4 Miss die Strecken.

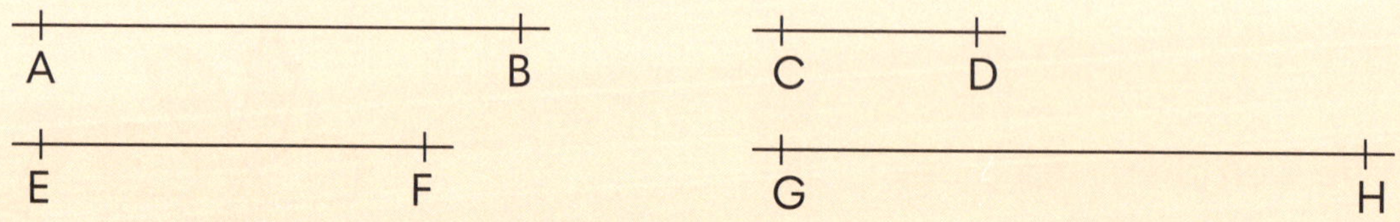

5 Zeichne eine Strecke $\overline{EA}$.
Zeichne eine Strecke $\overline{FB}$, die länger als $\overline{EA}$ ist.
Zeichne eine Strecke $\overline{GH}$, die kürzer als $\overline{EA}$ ist.

6 Zeichne.

$\overline{MN}$ = 5 cm $\overline{OP}$ = 3 cm
$\overline{RS}$ = 7 cm $\overline{TU}$ = 4 cm

Aufgaben als Rückmeldung über den Leistungsstand nutzen
KV 11 (HRU) nutzen

PH S. 11 und 13

Mathematatik und Kunst

1 Gestaltet eine Ausstellung.

2 Zeichne eine lange geschwungene Linie.
Zeichne ebene Figuren mit einer Schablone. Male aus.

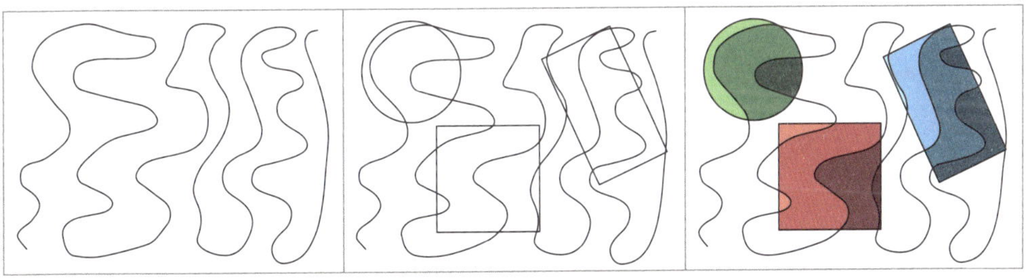

3 Zeichne Geraden.
Zeichne ebene Figuren mit einer Schablone. Male aus.

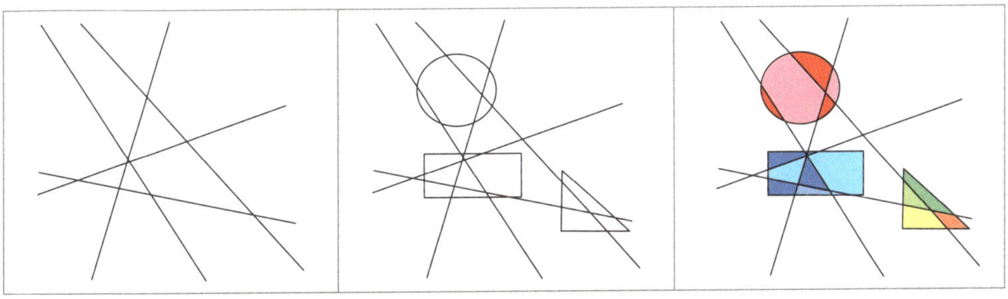

Uhrzeit

1 Sprecht über euren Tagesablauf.

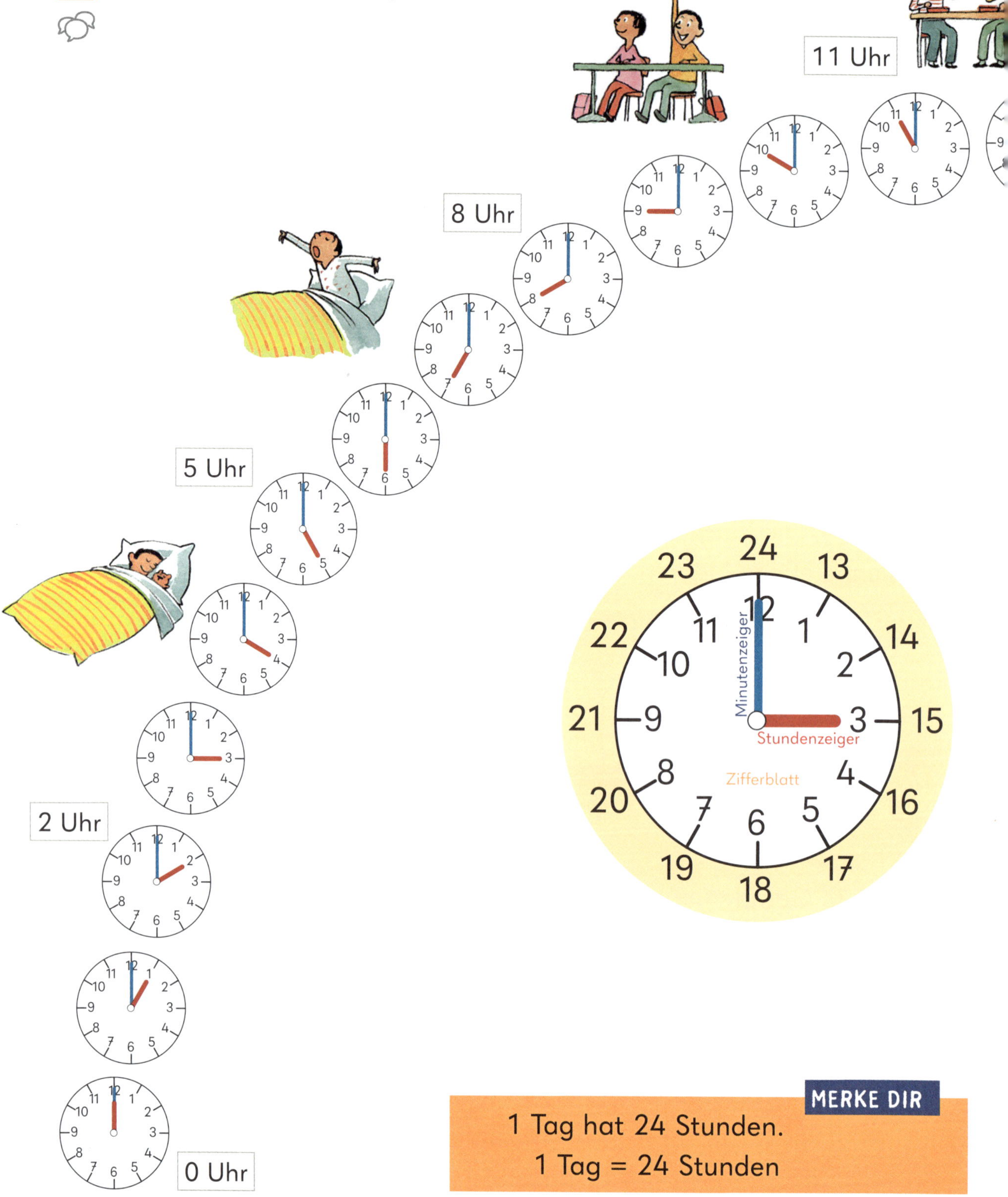

MERKE DIR

1 Tag hat 24 Stunden.
1 Tag = 24 Stunden

Uhr als Zeitanzeiger kennenlernen, Teile der Uhr benennen
1: Tagesablauf der Kinder besprechen
24-Stunden-Rhythmus besprechen

AH S. 70
ÜH S. 68

1 Wie spät ist es?
Nenne die Vormittagszeit und die Nachmittagszeit.

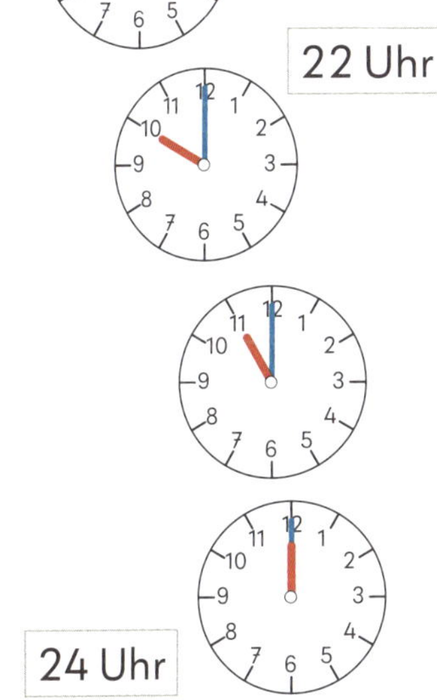

MERKE DIR

3 Uhr und 15 Uhr

Vor- und Nachmittagszeiten einführen und am Uhrmodell (Beilage) einstellen
1: Vor- und Nachmittagszeiten ablesen

Die Zehnerzahlen bis 100

1 Erzählt.

2 Zeigt alle Zehnerzahlen.

3 Ergänze.

10

10 + 10 = 20

20 + ___ = 30

30 + ___ = 40

40 + ___ = 50

___ + 10 = 60

___ + 10 = 70

70 + ___ = ___

80 + ___ = ___

___ + ___ = 100

4 Zähle vorwärts und rückwärts in Zehnerschritten.

1: Zehnerzahlen in der Umwelt entdecken, weitere Beispiele (auch digital) ergänzen
2: Zehnerzahlen handelnd mit dem Hunderterfeld erarbeiten
4: Im Klassenverband oder einzeln vorwärts- oder rückwärtszählen

AH S. 71
ÜH S. 69

1 Wie viele?

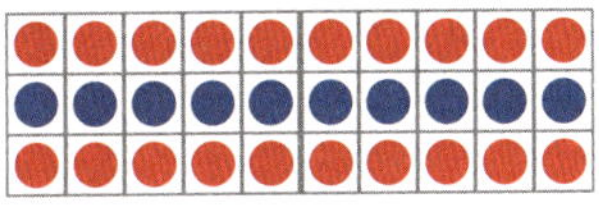

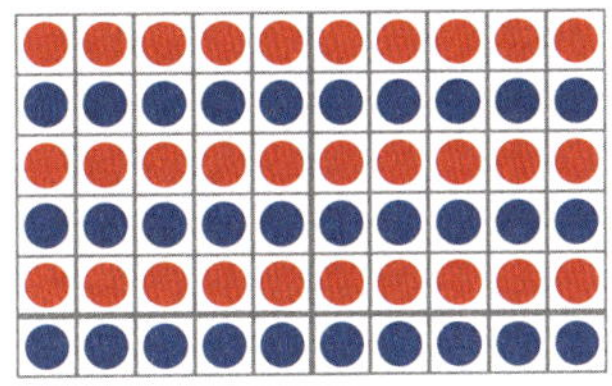

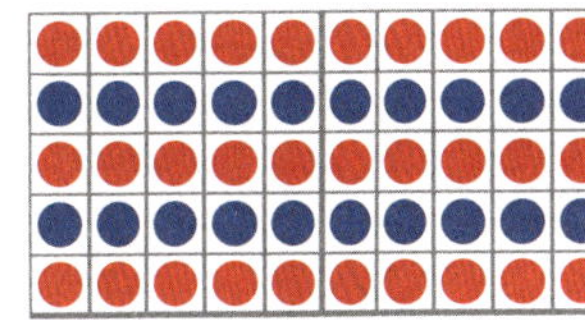

2 Legt mit Zehnerstreifen.

| 20 | 50 | 30 | 70 | 10 | 40 | 60 |

3 Zählt weiter.

| 40 | 50 | … | 100 |

| 100 | 90 | … | 30 |

| 20 | 40 | … | 100 |

4 Legt mit 10-Cent-Münzen.

30 ct   50 ct   100 ct   80 ct

5 Legt mit 10-Euro-Scheinen.

70 €   40 €   30 €   60 €   10 €

6 Wie viele Cent sind es?

ct

ct

7 Wie viele Euro sind es?

€

€

2: Vorgegebene Anzahl mit Zehnerstreifen (Beilage) legen
3: Regel der Zahlenfolge erkennen und vervollständigen; Differenzierung: Regel finden
4 und 5: Beträge (Beilage) legen, unterschiedliche Möglichkeiten zulassen und darüber sprechen

AH S. 71
ÜH S. 69

Vergleichen und Ordnen von Zehnerzahlen

1

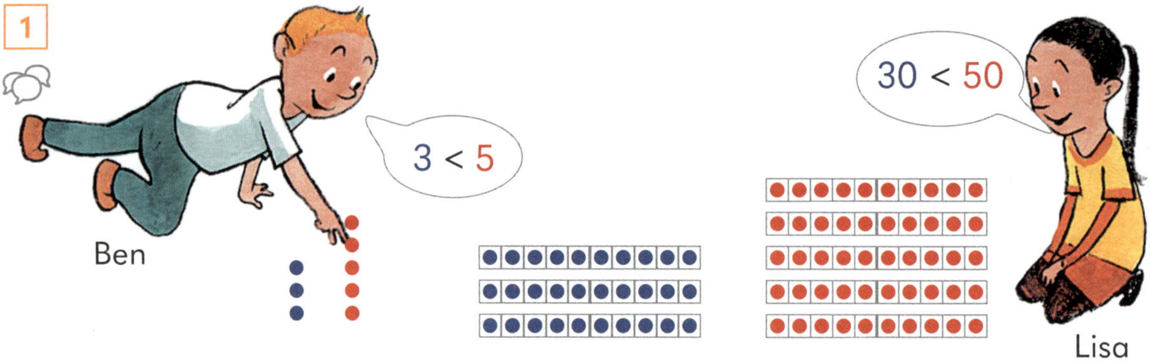

4 ◯ 6	7 ◯ 5	3 ◯ 9	10 ◯ 1
40 ◯ 60	70 ◯ 50	30 ◯ 90	100 ◯ 10

2 Setze das richtige Zeichen ein: <, >, =.

60 ◯ 90	80 ◯ 40	100 ◯ 10
50 ◯ 40	60 ◯ 60	70 ◯ 90
70 ◯ 70	20 ◯ 50	80 ◯ 60
30 ◯ 40	90 ◯ 20	50 ◯ 50

3 Ordne. Beginne mit der kleinsten Zahl.

60 90 30 50 80 100 40

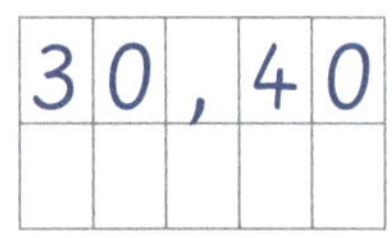

4 Ordne. Beginne mit der größten Zahl.

70 30 90 10 40 50 60

5

1: Analogie zwischen Einern und Zehnern erkennen und beschreiben, Beispiele legen (Beilage), weitere Beispiele finden
5: Differenzierung: Ergebnis begründen

AH S. 71
ÜH S. 70

Rechnen mit Zehnerzahlen

1 Erkläre, wie du rechnen kannst.

5 + 3 ist die kleine Aufgabe.

Addieren

50 + 30 = ___

5 + 3 = ___

Mila

Hier ist 8 – 3 die kleine Aufgabe.

Subtrahieren

80 – 30 = ___

8 – 3 = ___

Amir

2 Rechne erst die kleine Aufgabe.

60 + 20 = ___	80 + 10 = ___	70 – 60 = ___	50 – 30 = ___
6 + 2 = ___	8 + 1 = ___	7 – 6 = ___	5 – 3 = ___

3

40 + 10 = ___	60 – 50 = ___	80 + ___ = 90
10 + 80 = ___	90 – 60 = ___	10 + ___ = 30
20 + 50 = ___	100 – 20 = ___	80 – ___ = 80
0 + 70 = ___	60 – 60 = ___	100 – ___ = 50

4 Bilde Aufgabenfamilien.

70 20 90

70 + 20 = 90
20 + ___ = ___
90 – 20 = 70
90 – ___ = ___

Immer 2 Aufgaben mit + und 2 Aufgaben mit – gehören zu einer Aufgabenfamilie.

30 50 80

30 + 50 = 80
50 + ___ = ___
80 – 50 = ___
80 – ___ = ___

5

30 10 ___ | 20 ___ 60 | ___ 50 20 | ___ 100 ___

1: Von der kleinen, bekannten Aufgabe auf die neue Aufgabe schließen
1 bis 3: Bei Bedarf mit Plättchen (Beilage) legen

AH S. 72
ÜH S. 70

Alle Zahlen bis 100

1

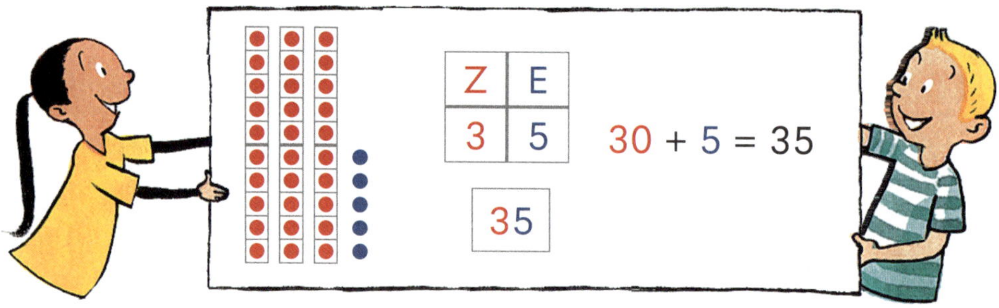

2 Legt die Zahlen.

56	74	26	39	42	13	70	33	62	10

3 Welche Zahlen sind dargestellt?

Z	E

Z	E

Z	E

Z	E

4 Zerlege in Zehner und Einer.

Z	E	
4	2	42
		36
		27
		80

Z	E	
		69
		77
		91
		58

5 Wie heißt die Zahl?

Z	E	
3	7	
5	9	
6	1	
2	8	

Z	E	
9	9	
6	0	
4	1	
8	3	

6

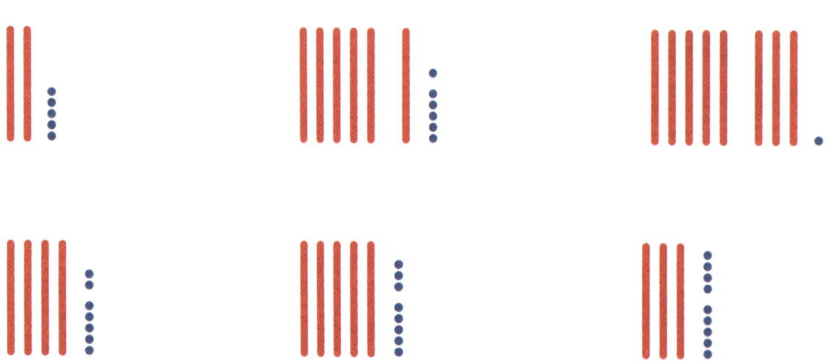

2	0	+	5	=	2	5

1: Über die verschiedenen Darstellungsweisen sprechen
2: Zahlen mit Zehnerstreifen und Plättchen (Beilage) legen
3 bis 6: Bei Bedarf mit Plättchen und Zehnerstreifen legen

AH S. 73
ÜH S. 71

Die Hundertertafel

1	2	3	4	5	6	7	8	9	10
11	12	13	14	15	16	17	18	19	20
21	22	23	24	25	26	27	28	29	30
31	32	33	34	35	36	37	38	39	40
41	42	43	44	45	46	47	48	49	50
51	52	53	54	55	56	57	58	59	60
61	62	63	64	65	66	67	68	69	70
71	72	73	74	75	76	77	78	79	80
81	82	83	84	85	86	87	88	89	90
91	92	93	94	95	96	97	98	99	100

1 Zeigt die Zahlen.

25 46 71 33 90 69 85

2 Zeigt die Zahl 17. Welche Zahlen stehen darunter?
Zeigt die Zahl 93. Welche Zahlen stehen darüber?
Zeigt die Zahl 51. Welche Zahlen stehen daneben?

3 Zähle vorwärts von 0 bis 100.

4 Zähle.

von 25 bis 30 — von 56 bis 65 — von 99 bis 90
von 35 bis 40 — von 87 bis 99 — von 82 bis 77

Hundertertafel einführen und über Aufbau sprechen
2: Auffälligkeiten benenne: Wie verändern sich die Einer und die Zehner?
3 und 4: Mithilfe der Hundertertafel im Klassenverband oder einzeln zählen

AH S. 74
ÜH S. 72

Sammeln und Lesen von Daten

1 Wohin wollen die meisten Kinder der Klasse 1b gehen?

2 Richtig r oder falsch f ?

Es wollen mehr Kinder in den Zoo gehen.

12 Kinder wollen auf den Spielplatz gehen.

Auf den Spielplatz wollen 3 Kinder weniger gehen als in den Zoo.

Insgesamt haben 20 Kinder abgestimmt.

3 Erstelle eine eigene Umfrage in deiner Klasse.
Wo spielst du am liebsten?

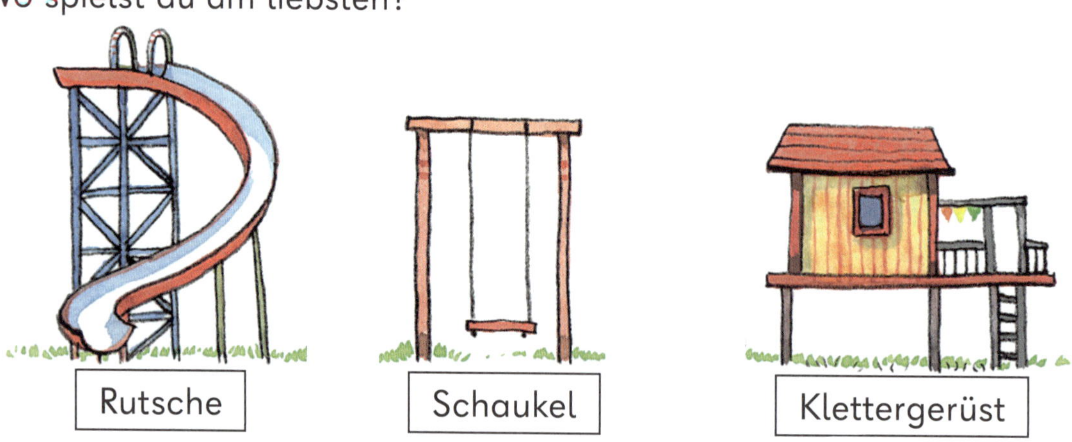

2: Aussagen mithilfe der Daten aus Aufgabe 1 bewerten

AH S. 75

1 Die Klasse 1a haben mit Würfeln abgestimmt.
Wohin wollen die meisten Kinder gehen?

2 Zeichne das Ergebnis der Umfrage in dein Heft.

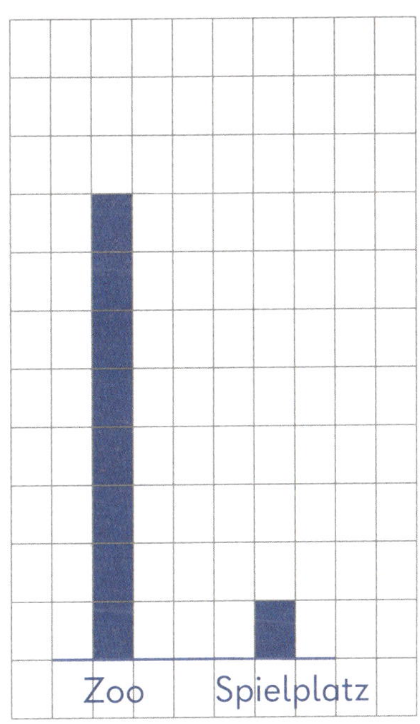

3 Erstelle weitere Umfragen in deiner Klasse.

1 und 2: Darstellung der Ergebnisse der Befragung in einem Diagramm anbahnen
3: Mit Strichlisten oder Würfeln arbeiten

Sammeln und Lesen von Daten

So kommen die Kinder der Klasse 1a zur Schule:

Klasse			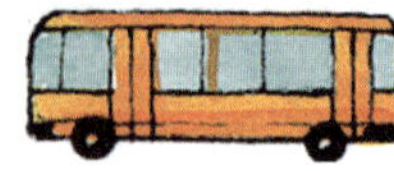	
1 a	3	6	8	7

1 Richtig (r) oder falsch (f) ?

Die meisten Kinder kommen mit dem 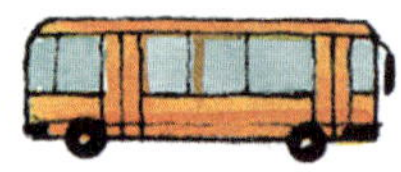.

Die wenigsten Kinder kommen mit dem .

Es kommen mehr Kinder  als mit dem .

Es kommen doppelt so viele Kinder
mit dem  wie mit dem .

2 Frage die Kinder deiner Klasse, wie sie zur Schule kommen.
Fertige eine Strichliste an.

Klasse				

3

1: Aussagen mithilfe der Daten aus der Tabelle bewerten
3: Ergebnisse der Umfrage gemeinsam mündlich auswerten

AH S. 76

Wahrscheinlichkeit

1 Möglich oder unmöglich? Erklärt.

Meine Oma ist jünger als du.

Morgen ist deine Lehrerin krank.

Am Sonntag gehst du zur Schule.

Beim Klettern fällst du vom Baum.

Für die Hausaufgaben brauchst du eine Stunde.

Ein Hund macht deine Hausaufgaben.

2 Möglich oder unmöglich? Erklärt.

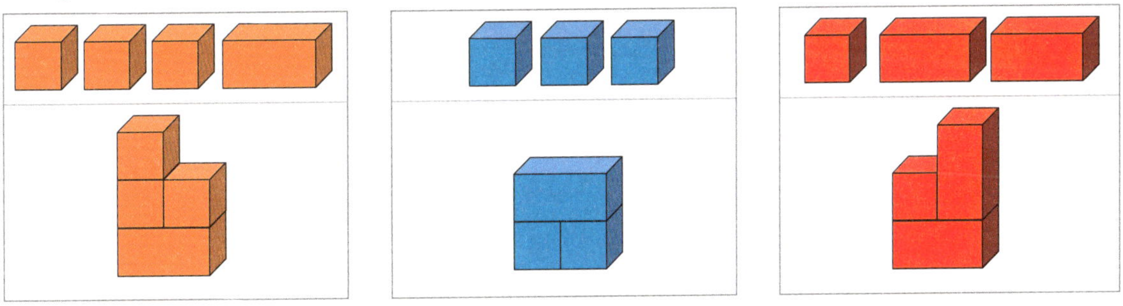

3 Überlegt euch mögliche und unmögliche Situationen.

1: Zu den Bildern erzählen, mögliche und unmögliche Situationen unterscheiden

AH S. 77

BIST DU FIT?

1 Wie spät ist es?
Gib die Vormittagszeit und die Nachmittagszeit an.

2 Setze das richtige Zeichen ein: <, >, =.

40 ◯ 50	100 ◯ 10	70 ◯ 70	80 ◯ 60
10 ◯ 0	80 ◯ 90	60 ◯ 20	30 ◯ 90

3 Ordne. Beginne mit der größten Zahl.
90 70 30 10 50 100 40 60

4

20 + 30 =	50 – 40 =	20 + ☐ = 80
90 + 10 =	80 – 20 =	90 + ☐ = 90
20 + 60 =	90 – 10 =	20 – ☐ = 10
40 + 50 =	70 – 30 =	90 – ☐ = 0

5 Welche Zahlen sind dargestellt?

6 Wie heißt die gesuchte Zahl?
30 + 5 50 + 9 70 + 4

Aufgaben als Rückmeldung über den Leistungsstand nutzen
KV 11 (HRU) nutzen
PH S. 13

FREUNDESEITE

Meine Klasse in Zahlen

1 Stellt euch Fragen in eurer Gruppe.

2 Tragt die Ergebnisse zusammen.

3 Stellt die Ergebnisse der Klasse vor.

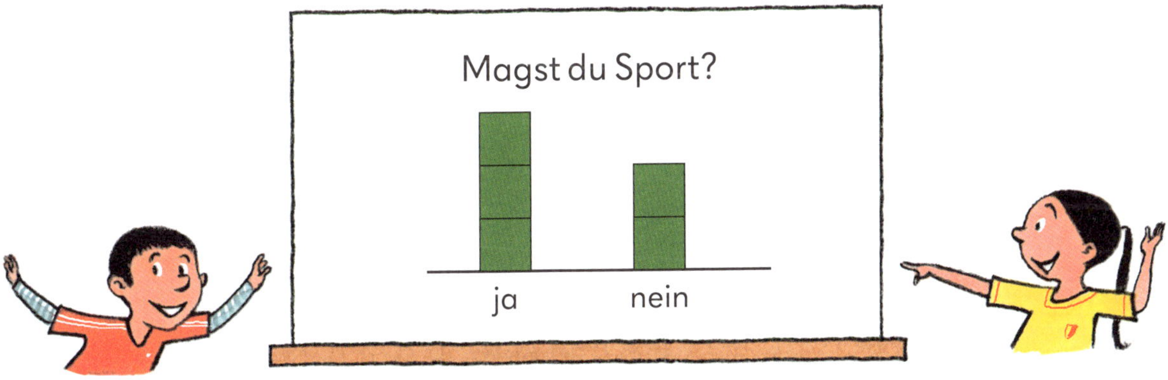

Zahlen überall

1 Wo findest du diese Zahlen? Erzähle.

2 Finde Zahlen in deiner Umgebung.
Fotografiere, schreibe und klebe.

3 Gestalte eine Seite zu deiner Lieblingszahl.

4 Schreibe Zahlen auf, die du schon kennst.

Bearbeitung der Aufgaben ist zu verschiedenen Zeitpunkten des Schuljahres möglich;
Zahlen aus der Umwelt wiedererkennen und notieren, Zahlenbuch analog oder digital fortführen;
verschiedene Zahlaspekte berücksichtigen

MK

1 Welche Bilder gehören zusammen?
Erzählt.

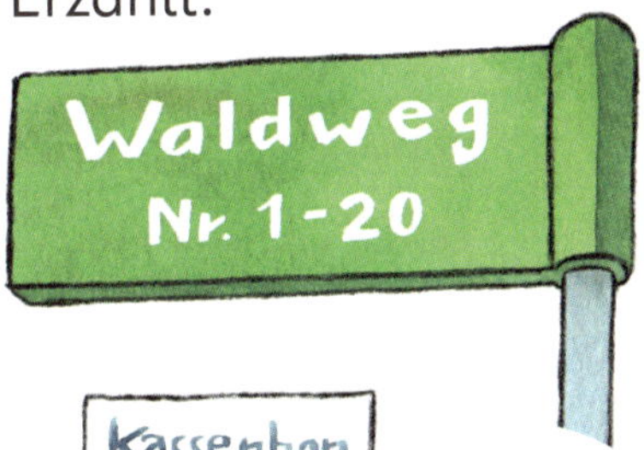

2 Suche ein solches Schild in deiner Umgebung.
Finde heraus, was es bedeutet.

1: Zusammenhänge zwischen den Darstellungen auf den Bildern erkennen, die Bedeutung der Zahlen zur Orientierung in der Umwelt hervorheben 2: Schilder mit dem Hinweis zur Lage eines Hydranten für die Feuerwehr in der Umgebung finden, ggf. Anschlussstelle im Boden suchen

MK

PROJEKTSEITEN

Mathematik zum Staunen und Spielen

1 Legt abwechselnd 1 oder 2 Plättchen. Wer mit seinem Plättchen auf die 12 kommt, gewinnt.

2 **20 gewinnt**

Würfle so oft, wie du willst. Addiere die Augenzahlen. Dann würfelt ein anderes Kind. Wer am dichtesten an der 20 ist hat gewonnen. Wer über 20 kommt verliert.

1: Gewinnstrategie finden und verbalisieren

1 Finde Aufgaben.

2 Wer belegt die meisten Zahlen?

3	4	5	6	7	8	9	10
11	12	13	14	15	16	17	18

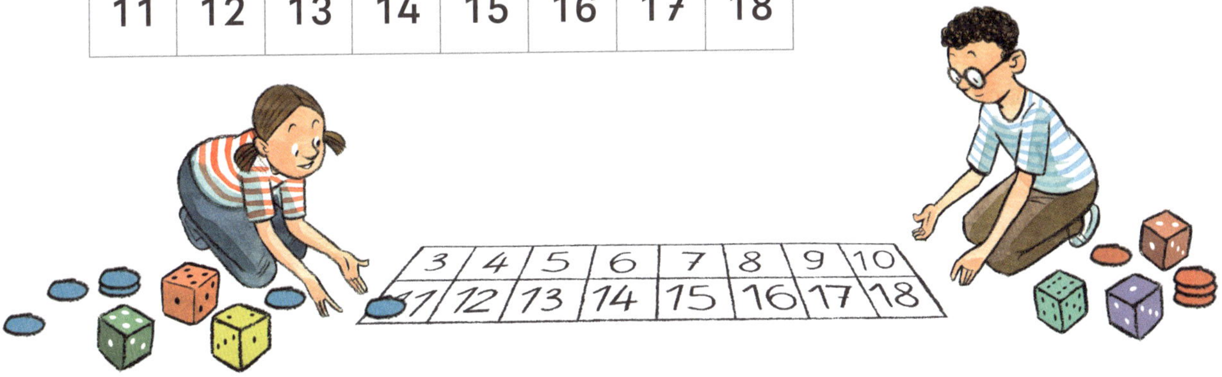

3 Lege die Figur.
Lege 1 Stäbchen um.
Du erhältst 2 Häuser.

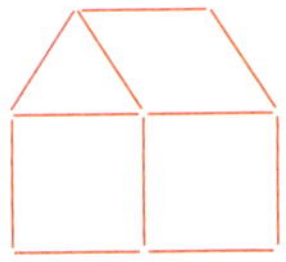

4 Lege die Figur.
Lege 2 Stäbchen um.
Du erhältst 4 Dreiecke.

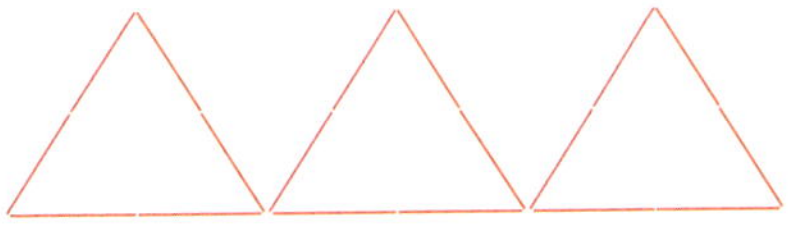

2: Mit Würfeln arbeiten, Augenzahlen addieren
3: Lösungen durch Probieren finden

MK

Mathematik zum Knobeln

1 Dieses Wochenende gehen Mila und Amir mit Opa Kurt angeln. Beide Kinder sind sieben Jahre alt. Opa Kurt ist 50 Jahre älter als Mila.

2 Wie alt ist der Fisch?

3 Wer hat den größten Fisch gefangen?

4 An diesem Wochenende haben Mila und Amir zusammen 20 Fische gefangen. Mila zählt 4 Fische mehr als Amir in ihrem Netz.

2: Ergebnis durch Addieren der dargestellten Zahlen finden
4: Frage formulieren, Sachaufgaben durch Probieren lösen

AH S. 80

1 Setze die Zeichen richtig ein: + , = , – .

16 ○ 9 ○ 7
7 ○ 13 ○ 6
70 ○ 40 ○ 30
20 ○ 70 ○ 90

6 ○ 4 ○ 8 ○ 2
20 ○ 8 ○ 7 ○ 5
5 ○ 10 ○ 2 ○ 13
80 ○ 80 ○ 20 ○ 20

2 Setze die Zahlen passend ein. 1 2 3 4 5 6 7 8 9 10

5 + 2 = 4 + 3
□ – □ = □ – □
□ + □ = □ – □
□ – □ = □ + □

□ + □ + □ = □ + □
□ – □ – □ = □ – □
□ + □ – □ = □ – □
□ – □ + □ = □ + □

3 Immer 15.

2	7	
9	5	1
	3	8

4	3	8
2		6

2		4
	5	
6		

4

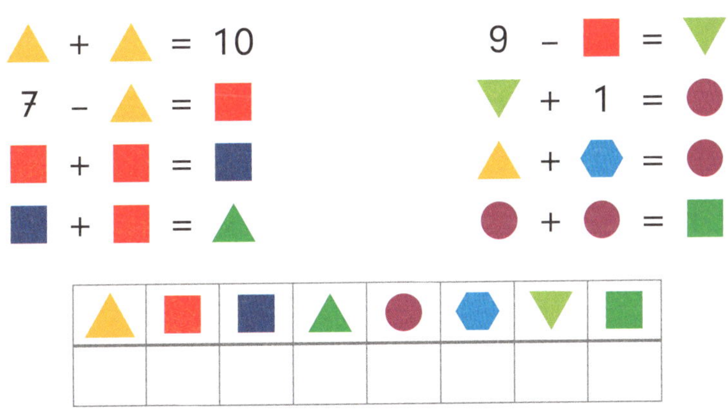

Zahlen vergleichen

15 < 16
15 ist kleiner als 16

16 > 15
16 ist größer als 15

15 = 15
15 ist gleich 15

Vorgänger und Nachfolger

Zahlen (Z) haben einen Vorgänger (V)
und einen Nachfolger (N).

V	Z	N
12	13	13

Addieren

3 + 2 = 5
Summand, Summand, Summe

Subtrahieren

5 – 2 = 3
Minuend, Subtrahend, Differenz

Tauschaufgaben

13 + 7 = 20
7 + 13 = 20

Die Summanden kannst du vertauschen.
Die Summe bleibt gleich.

Umkehraufgaben

13 + 7 = 20
20 – 7 = 13

Addieren und Subtrahieren ohne Zehnerübergang

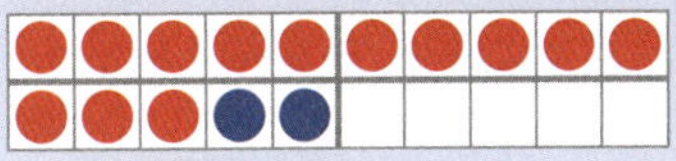

13 + 2 = 15

weil 3 + 2 = 5

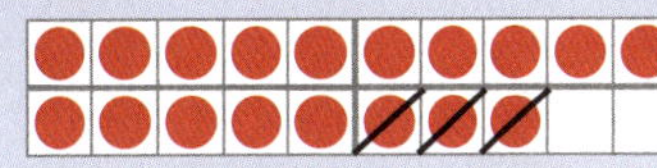

18 – 3 = 15

weil 8 – 3 = 5

Addieren und Subtrahieren mit Zehnerübergang

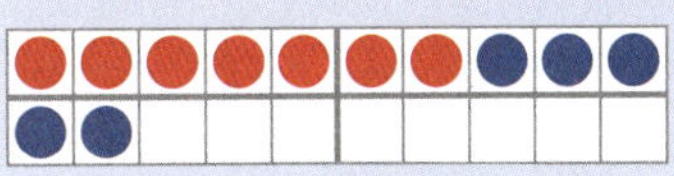

7 + 5 = 12

7 + 3 = 10

10 + 2 = 12

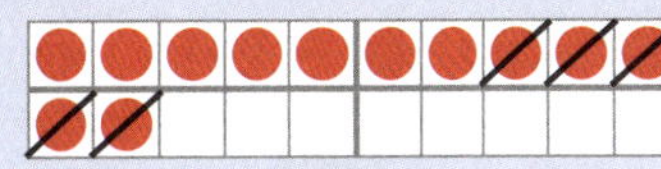

12 – 5 = 7

12 – 2 = 10

10 – 3 = 7

Geld

Du sprichst: Ein Cent.

Du schreibst: 1 ct.

Du sprichst: Ein Euro.

Du schreibst: 1 €.

Längen

Du sprichst: Ein Zentimeter.

Du schreibst: 1 cm.

Zeit

1 Tag hat 24 Stunden.

1 Tag = 24 Stunden

Es gibt eine Vormittagszeit und eine Nachmittagszeit.

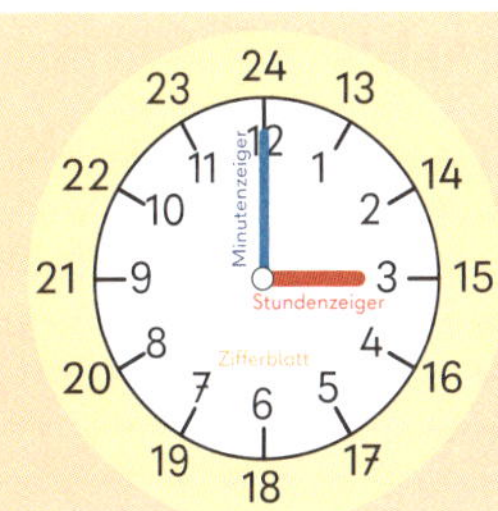

MERKWISSEN

Körper

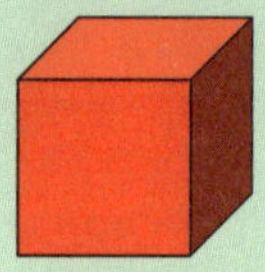
Würfel

Quader

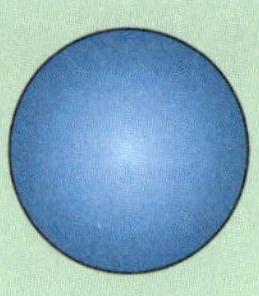
Kugel

Würfel, Quader und Kugeln sind Körper.

Ebene Figuren

Dreiecke

Vierecke

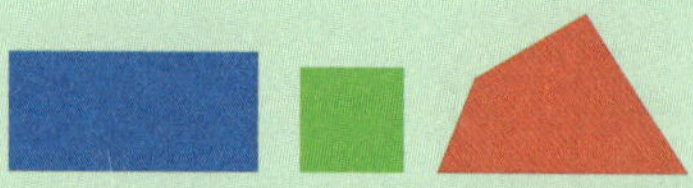

Kreise

Dreiecke, Vierecke und Kreise sind ebene Figuren.

Geraden

Gerade Linien heißen Geraden.
Sie erhalten als Namen einen kleinen Buchstaben.

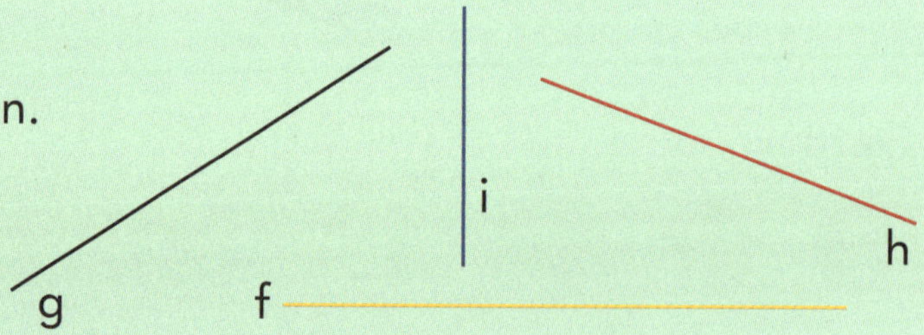

Punkte

Punkte können auf oder neben einer Geraden liegen. Sie erhalten als Namen einen großen Buchstaben.

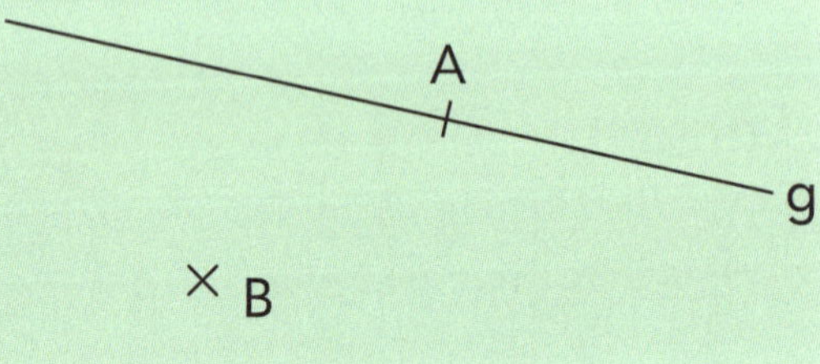

Strecken

Strecken haben einen Anfangspunkt und einen Endpunkt.
Du schreibst: $\overline{AB}$, $\overline{CD}$, $\overline{EF}$

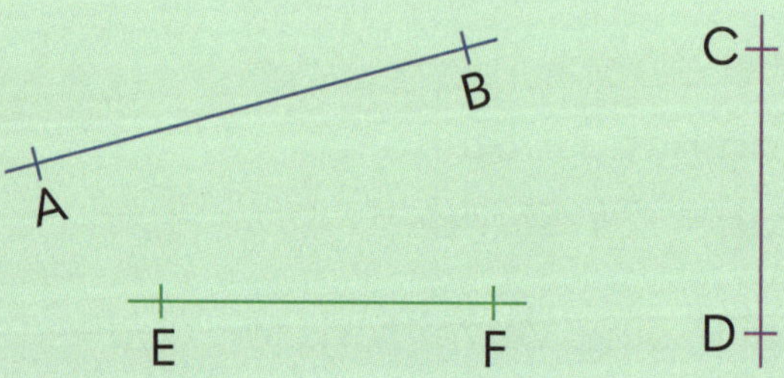